学ぶ人は、変えてゆく人だ。

目の前にある問題はもちろん、

人生の問いや、

社会の課題を自ら見つけ、

挑み続けるために、人は学ぶ。

「学び」で、

少しずつ世界は変えてゆける。

いつでも、どこでも、誰でも、

学ぶことができる世の中へ。

旺文社

JN036266

大学入試 全レベル問題集

化 学

代々木ゼミナール講師 西村淳矢 著

2 共通テストレベル

三訂版

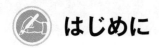

はじめに

　『大学入試 全レベル問題集 化学』シリーズは，レベル1～4の4段階で構成されており，高校1・2年生レベルの基本から，共通テスト対策，標準国公立・私立大の入試対策，難関大の入試対策まで，すべてのレベルの問題が揃っている問題集です。その中の『レベル2 共通テストレベル』は，次のような学生を想定して執筆しました。

●共通テストで「化学」を受験する受験生
●国公立二次・私立大入試で「化学基礎・化学」を受験する受験生で，共通テストレベルの問題から固めておきたい受験生

　レベル2では，**大学入学共通テスト・センター試験の過去問，大学入学共通テスト試行調査**の中から良問を選び，単元ごとに配列し掲載しています。また，必要に応じて，国公立・私立大の入試問題を共通テスト形式に改題しています。問題を一つずつこなしていくことで，「化学」全分野の基本事項を確認することができ，かつ，演習量を確保することで，無理なく**共通テスト対策を行う**ことができるように執筆しています。ただし，レベル1に掲載したような，基礎的な問題は省いています。得点力を上げる目的で，**共通テスト特有のクセのある問題を中心に掲載**していますので，化学の基礎に不安がある人は必ず『**レベル1 基礎レベル**』をこなし，基礎力をつけた後に，本書の問題にチャレンジしてください。

　本書では，演習問題に入る前に **Step 1** として，各単元の基本事項を穴埋め形式で簡潔にまとめています。この **Step 1** をこなすことで，化学全単元の**基本事項を整理**できるように工夫しています。その後，**Step 2** の演習問題をこなすことで，マークシート形式の問題演習を行うことができます。各章の最後にある **応用問題** では，共通テスト形式の思考力を必要とし，また，複数の単元にまたがった問題を掲載しています。これらの問題をこなし，解説までしっかり理解することで，**共通テストでの得点力が大幅に上がっていく**ことでしょう。

西村 淳矢

 # 目　次

著者紹介：**西村淳矢**（にしむら　じゅんや）

代々木ゼミナール講師。愛媛県松山市出身。早稲田大学大学院理工学研究科修了。全国の代々木ゼミナール校舎を飛びまわっている。難関大を目指す受験生のための基幹講座「ハイレベル化学」などのサテラインゼミを担当。著書に、「共通テスト　化学基礎　集中講義」（旺文社）などがある。また、「全国大学入試問題正解　化学」の解答執筆者や、教科書の執筆者も務める。
　ホームページ：http://nishimurajunya.web.fc2.com/

装丁デザイン：ライトパブリシティ　　　本文デザイン：イイタカデザイン

本シリーズの特長

1. 自分にあったレベルを短期間で総仕上げ

　本シリーズは，理系の学部を目指す受験生に対応した短期集中型の問題集です。4レベルあり，自分にあったレベル・目標とする大学のレベルを選んで，無駄なく学習できるようになっています。また，基礎固めから入試直前の最終仕上げまで，その時々に応じたレベルを選んで学習できるのも特長です。

レベル①…「化学基礎」と「化学」で学習する基本事項を中心に総復習するのに最適で，基礎固め・大学受験準備用としてオススメです。

レベル②…共通テスト「化学」受験対策用にオススメで，分野によっては「化学基礎」の範囲からも出題されそうな融合問題も収録。全問マークセンス方式に対応した選択解答となっています。また，入試の基礎的な力を付けるのにも適しています。

レベル③…入試の標準的な問題に対応できる力を養います。問題を解くポイント，考え方の筋道など，一歩踏み込んだ理解を得るのにオススメです。

レベル④…考え方に磨きをかけ，さらに上位を目指すならこの一冊がオススメです。目標大学の過去問と合わせて，入試直前の最終仕上げにも最適です。

2. 入試過去問を中心に良問を精選

　本シリーズに収録されている問題は，効率よく学習できるように，過去の入試問題を中心にレベルごとに学習効果の高い問題を精選してあります。さらに，適宜入試問題に改題を加えることで，より一層学習効果を高めています。なお，出典の〈本試〉〈追試〉は，共通テストまたはセンター試験の本試・追試を表します。

3. 解くことに集中できる別冊解答

　本シリーズは問題を解くことに集中できるように，解答・解説は使いやすい別冊にまとめました。より実戦的な問題集として，考える習慣を身に付けることができます。

本書の使い方

　問題は学習しやすいように分野ごとに，教科書の項目順に配列しました。自分にあった進め方で，どんどん入試問題にチャレンジしてみましょう。

　なお，化学基礎の範囲でも出題が予想される分野については，「第1章 化学基礎分野」で扱っています。本冊の構成は次のとおりです。

Step 1 まとめ(穴埋め)…共通テストで必須の暗記事項をまとめました。答えは，**Step 1** の最後にあります。

Step 2 演習問題…過去の共通テスト・センター試験から，基礎力・応用力がつく問題を精選し，学習しやすいように，適宜，改題しました。答えは，別冊解答にあります。

応用問題 …各章の最後に，共通テストの出題形式にあわせた，思考力を要する演習問題を用意しました。

★…やや難易度の高い問題を示しています。

別冊解答の構成は次のとおりです。解答は章ごとの問題番号に対応しています。

　答 …一目でわかるように，最初の問題番号の次に明示しました。

解説…わかりやすいシンプルな解説を心がけました。

Point…問題を解く際に特に重要な知識，考え方のポイントをまとめました。

志望校レベルと「全レベル問題集 化学」シリーズのレベル対応表

* 掲載の大学名は購入していただく際の目安です。また，大学名は刊行時のものです。

本書のレベル	各レベルの該当大学
[化学基礎・化学] ① 基礎レベル	高校基礎～大学受験準備
[化学] ② 共通テストレベル	共通テストレベル
[化学基礎・化学] ③ 私大標準・国公立大レベル	[私立大学] 東京理科大学・明治大学・青山学院大学・立教大学・法政大学・中央大学・日本大学・東海大学・名城大学・同志社大学・立命館大学・龍谷大学・関西大学・近畿大学・福岡大学　他 [国公立大学] 弘前大学・山形大学・茨城大学・新潟大学・金沢大学・信州大学・広島大学・愛媛大学・鹿児島大学　他
[化学基礎・化学] ④ 私大上位・国公立大上位レベル	[私立大学] 早稲田大学・慶應義塾大学／医科大学医学部　他 [国公立大学] 東京大学・京都大学・東京工業大学・北海道大学・東北大学・名古屋大学・大阪大学・九州大学・筑波大学・千葉大学・横浜国立大学・神戸大学・東京都立大学・大阪公立大学／医科大学医学部　他

学習アドバイス

このページでは共通テストの今後出題が予想される傾向を，出題形式別にまとめてあります。以下の内容を参考にし，共通テスト対策に生かしていってください。

◎ 出題形式① 知識選択問題 　知識

共通テストでは，単純に知識を問う問題の出題が予想されます。この知識選択問題は，単純に知識の有無で正解・不正解が決まるので，**覚えるべきことはきちんと覚えておくこと**が重要です。 Step 1 で知識事項を確認しておきましょう。

◎ 出題形式② 正誤判定問題 　正誤

正誤判定問題の出題も予想されます。これは，与えられた選択肢から，正しいもの，または，誤りを含むものを選ぶという形式です。正誤判定問題を"なんとなく"解いていては，正答率は上がりません。正誤判定問題を確実に正解するためには，単純な知識の暗記ではなく，用語・現象・反応などをきちんと理解しておく必要があるため，日ごろから**用語・現象・反応などを，自分の言葉で説明できるように**しておきましょう。また，問題の復習をする時には，「①は○○が誤りで，正しくは△△だ」というように，すべての選択肢の正誤判定ができるようにしましょう。

◎ 出題形式③ 計算問題 　計算

共通テストでも，計算問題の出題は，もちろん予想されます。応用的な計算問題を解くには，**公式の丸暗記ではなく，式の意味を考えながら立式する**ことが大切です。公式の丸暗記では，基本的な問題は正解できても，応用的な問題には太刀打ちできません。必ず，「今何を求めている」のかを意識しながら立式しましょう。また，**単位を意識する**ことも重要です。例えば，物質量〔mol〕にモル質量〔g/mol〕をかけると〔mol〕×〔g/mol〕＝〔g〕となるように，**単位から計算のヒントを得る**ことができます。

出題形式④　グラフ選択問題　グラフ

　グラフを選択させる問題も出題が予想されます。グラフ選択問題も**所詮は計算問題**です。**「適当な数値を１つ決め，そのときの質量や体積などを求め，その点を通るグラフを選ぶ」**ことで解くことができます。例えば，電池や電気分解であれば，電子 1 mol が流れたときの電極の質量変化などを求め，その点を通るグラフを選べばよいのです。本書でもグラフ選択問題を掲載してあります。

出題形式⑤　構造式を問う問題　構造

　有機分野では，構造式を問う問題の出題が予想されます。この形式では，単純な知識問題としてその化合物の構造式を選ぶ場合と，構造決定問題のように，条件文を読むことで有機化合物の構造を推定し，選択肢から選ぶ場合の２パターンがあります。前者は，知識問題ですが，後者の**構造決定問題**は，**条件文を読み知識をうまく利用することで構造を推定する**ことが必要ですので，演習を積んでおかないと正解できません。正解するためには，**異性体の書き出しができ，有機化合物の反応・性質を覚える**ことが必要不可欠になります。また，後者の問題は正誤判定問題としても出題されることもありますので，演習で慣れておきましょう。

出題形式⑥　思考力を必要とする問題　応用問題

　共通テストでは，「思考力」を必要とする問題が出題されるでしょう。長いリード文を読み，それに関するいくつかの設問を解くという出題形式の問題です。その設問は１つの単元に限らず，いくつかの単元にまたがるものと考えられます。
　「思考力を問う」と言われても漠然としていますが，以下のような問題の出題が予想されます。

① **図・表・グラフなどのデータ**を読み取る問題
② **実験結果，実験レポート**を考察，計算させる問題
③ **新たな情報や考え方**を与え，解析させる問題

　このような問題を 応用問題 として記載しました。自分自身で問題にチャレンジし，その出題形式に慣れておく必要があるでしょう。解説もかなり詳しく書いていますので，問題を解いた後に解説を熟読し，理解することで「思考力」を鍛えていきましょう。ただし，応用問題に対応するためには基礎力が必要ですので，Step 1，Step 2 の内容を定着させてから 応用問題 に挑むようにしましょう！

1　酸と塩基

Step 1　基礎 CHECK　～まずは基礎知識の確認を～

●酸・塩基の定義

	酸	塩基
アレニウスの定義	ア を生じるもの	イ を生じるもの
ブレンステッドの定義	H^+ を ウ もの	H^+ を エ もの

※酸・塩基の強弱は，オ で決まっている

●水素イオン指数 pH　　　pH = カ 　⇔　$[H^+] = 10^{-pH}$〔mol/L〕

●塩…酸の キ イオンと塩基の ク イオンからできた化合物

酸	塩基	液性[注1]	例
強酸	強塩基	ケ 性	$NaCl$, K_2SO_4
強酸	弱塩基	コ 性	NH_4Cl, $CuSO_4$
弱酸	強塩基	サ 性	Na_2CO_3, CH_3COONa

注1　正塩の液性
⇒　中和する前の酸と塩基を考えて，その**強いほうの性質**を示す

※酸性塩の場合には，液性を一概に決めることはできない
例　$NaHCO_3$：シ 性　$NaHSO_4$：ス 性

●中和反応の計算

『酸の セ 〔mol〕』=『塩基の ソ 〔mol〕』

酸，塩基の体積は〔mL〕とする

$$\boxed{タ}\,\text{(mol/L)} \times \frac{酸の体積}{1000}\text{(L)} \times \boxed{チ} = \boxed{ツ}\,\text{(mol/L)} \times \frac{塩基の体積}{1000}\text{(L)} \times \boxed{テ}$$

●滴定曲線　　①ト ＋強塩基　　②ナ ＋強塩基　　③強酸＋ ニ

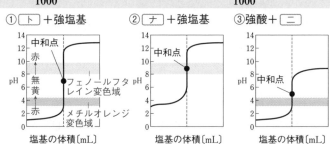

※指示薬の使い分け

強酸＋弱塩基の滴定では ヌ を用いる　酸性側 ネ 色　⇒　中性側 ノ 色

弱酸＋強塩基の滴定では ハ を用いる　中性側 ヒ 色　⇒　塩基性側 フ 色

解答　ア：H^+　イ：OH^-　ウ：与える　エ：受け取る　オ：電離度　カ：$-\log_{10}[H^+]$
キ：陰　ク：陽　ケ：中　コ：酸　サ：塩基　シ：塩基　ス：酸　セ：H^+
ソ：OH^-　タ：酸のモル濃度　チ：酸の価数　ツ：塩基のモル濃度
テ：塩基の価数　ト：強酸　ナ：弱酸　ニ：弱塩基　ヌ：メチルオレンジ
ネ：赤　ノ：黄　ハ：フェノールフタレイン　ヒ：無　フ：赤

Step 2 演習問題 ～問題をこなし得点力をつけよう～ 解答 ● 別冊2頁 ▰▰▰▱▱

必要があれば，次の値を使うこと。原子量：Na = 23，Cl = 35.5

1 塩の液性 [知識]

酸，塩基，および塩の水溶液の性質に関する次の問い(a・b)に答えよ。

a ある塩の水溶液を青色リトマス紙に1滴たらすと，リトマス紙は赤色に変色した。この塩として最も適当なものを，次の①～⑤のうちから一つ選べ。

① $CaCl_2$　　② Na_2SO_4　　③ Na_2CO_3　　④ NH_4Cl　　⑤ KNO_3

b 次の文章中の ア ～ ウ に当てはまる語句，化合物，およびイオンの組合せとして最も適当なものを，後の①～⑧のうちから一つ選べ。

　ア 色リトマス紙の中央に イ の水溶液を1滴たらしたところ，リトマス紙は変色した。図のように，このリトマス紙をろ紙の上に置き，電極に直流電圧をかけた。変色した部分はしだいに左側に広がった。この変化から， ウ が左側へ移動したことがわかる。

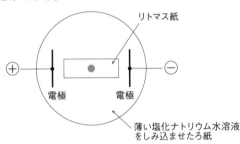

リトマス紙
電極　電極
薄い塩化ナトリウム水溶液をしみ込ませたろ紙
〈2010年 本試〉

	ア	イ	ウ
①	青	NaOH	Na^+
②	青	NaOH	OH^-
③	青	HCl	H^+
④	青	HCl	Cl^-
⑤	赤	NaOH	Na^+
⑥	赤	NaOH	OH^-
⑦	赤	HCl	H^+
⑧	赤	HCl	Cl^-

2 中和滴定曲線 [正誤] [計算]

1価の酸の0.2 mol/L水溶液10 mLを，ある塩基の水溶液で中和滴定した。塩基の水溶液の滴下量とpHの関係を右の図に示す。次の問い(a・b)に答えよ。

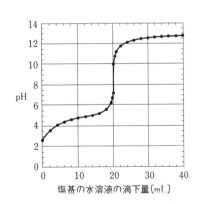

pH
塩基の水溶液の滴下量〔mL〕

a この滴定に関する記述として**誤りを含むも**のを，次の①～⑤のうちから一つ選べ。

① この1価の酸は弱酸である。

② 滴定に用いた塩基の水溶液のpHは12より大きい。

③ 中和点における水溶液のpHは7である。

④ この滴定に適した指示薬はフェノールフタレインである。

⑤ この滴定に用いた塩基の水溶液を用いて，0.1 mol/Lの硫酸10 mLを中和滴定すると，中和に要する滴下量は20 mLである。

b　滴定に用いた塩基の水溶液として最も適当なものを，次の①〜⑥のうちから一つ選べ。

① 0.05 mol/L のアンモニア水
② 0.1 mol/L のアンモニア水
③ 0.2 mol/L のアンモニア水
④ 0.05 mol/L の水酸化ナトリウム水溶液
⑤ 0.1 mol/L の水酸化ナトリウム水溶液
⑥ 0.2 mol/L の水酸化ナトリウム水溶液

〈2009 年 本試〉

★ 3 　逆滴定 グラフ

塩化ナトリウムに濃硫酸を加えて加熱すると，次の反応により塩化水素が発生する。

$$NaCl + H_2SO_4 \longrightarrow NaHSO_4 + HCl$$

十分な量の濃硫酸を用いて発生させた塩化水素を 2.0 mol/L 水酸化ナトリウム水溶液 10 mL に完全に吸収させ，得られる水溶液を 1.0 mol/L 塩酸で中和する。用いる塩化ナトリウムの質量と中和に要する塩酸の体積の関係として最も適当なものを，右の①〜⑥のうちから一つ選べ。

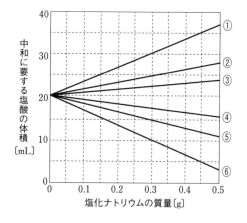

〈2010 年 本試〉

4 　酸と塩基の総合問題 正誤

酸，塩基，およびそれらの反応に関する記述として**誤りを含むもの**を，次の①〜⑥のうちから二つ選べ。ただし，解答の順序は問わない。

① 酸性水溶液中では，$Zn(OH)_2$ は塩基として作用して H^+ を受け取る。
② 水溶液中では，H^+ は水分子と結合して H_3O^+ として存在する。
③ 0.1 mol/L の硫酸 30 mL に，0.1 mol/L の水酸化バリウム水溶液を加えていくと，30 mL 加えたところで水溶液中のイオンの濃度の総和は最小になる。
④ 弱塩基を強酸で滴定するときには，フェノールフタレインを指示薬として用いることができる。
⑤ 中和滴定に用いられる指示薬は，H^+ や OH^- と反応して鋭敏に色調を変える。
⑥ 希硫酸の電離度は，希塩酸の電離度の 2 倍である。

〈2007 年 本試〉

2 酸化還元反応

●酸化・還元の定義

	酸素	水素	電子	酸化数
酸化	［ ア ］	［ ウ ］	［ オ ］	［ キ ］
還元	［ イ ］	［ エ ］	［ カ ］	［ ク ］

●酸化数の計算

Rule 1 ①単体：［ ケ ］ ②イオン：イオンの電荷 ③化合物は全体で 0

Rule 2 ①アルカリ金属（Na, K など）：［ コ ］

②アルカリ土類金属（Ca, Ba など）：+2

Rule 3 水素（H）：［ サ ］

Rule 4 酸素（O）：［ シ ］

●酸化剤と還元剤

酸化剤…相手を［ ス ］する物質で，自分自身は［ セ ］される

例 $MnO_4^- + 8[ソ] + 5e^- \longrightarrow [タ] + 4H_2O$（硫酸酸性条件下）

$Cr_2O_7{}^{2-} + 14[ソ] + 6e^- \longrightarrow 2[チ] + 7H_2O$

$H_2O_2 + 2[ソ] + 2e^- \longrightarrow 2[ツ]$

還元剤…相手を［ テ ］する物質で，自分自身は［ ト ］される

例 $H_2C_2O_4 \longrightarrow 2[ナ] + 2[ソ] + 2e^-$

$SO_2 + 2H_2O \longrightarrow [ニ] + 4[ソ] + 2e^-$

$2I^- \longrightarrow [ヌ] + 2e^-$

$H_2O_2 \longrightarrow [ネ] + 2[ソ] + 2e^-$

※ H_2O_2 は，反応する相手により自身のはたらきを変える

●酸化還元反応の計算

酸化剤，還元剤の体積は〔mL〕とする

$$『酸化剤の[ノ]〔mol〕』=『還元剤の[ノ]〔mol〕』$$

$$[ハ]〔mol/L〕× \frac{酸化剤の体積}{1000}〔L〕×[ヒ] = [フ]〔mol/L〕× \frac{還元剤の体積}{1000}〔L〕×[ヘ]$$

※ $KMnO_4$ を用いた酸化還元滴定では，$KMnO_4$ の［ ホ ］色が消えなくなったところを反応の終点とする

解答 ア：得る イ：失う ウ．失う エ．得る オ．失う カ．得る キ．増加
ク：減少 ケ：0 コ：+1 サ：+1 シ：−2 ス：酸化 セ：還元 ソ：H^+
タ：Mn^{2+} チ：Cr^{3+} ツ：H_2O テ：還元 ト：酸化 ナ：CO_2 ニ：$SO_4{}^{2-}$
ヌ：I_2 ネ：O_2 ノ：e^- ハ：酸化剤のモル濃度 ヒ：酸化剤の価数
フ：還元剤のモル濃度 ヘ：還元剤の価数 ホ：赤紫

5 酸化数 [計算]

次の化合物 a ～ d に含まれる遷移元素の酸化数が，最も大きいものと最も小さいものの組合せとして正しいものを，後の①～⑥のうちから一つ選べ。

a V_2O_5　　b $K_2Cr_2O_7$　　c $CaTiO_3$　　d CuS

① a と b　　② b と c　　③ c と d

④ a と c　　⑤ b と d　　⑥ a と d

〈2014 年 追試・改〉

6 酸化剤・還元剤 [知識]

下線で示す物質が還元剤としてはたらいている化学反応の式を，次の①～⑥のうちから一つ選べ。

① $2\underline{H_2O} + 2K \longrightarrow 2KOH + H_2$　　② $\underline{Cl_2} + 2KBr \longrightarrow 2KCl + Br_2$

③ $\underline{H_2O_2} + 2KI + H_2SO_4 \longrightarrow 2H_2O + I_2 + K_2SO_4$

④ $\underline{H_2O_2} + SO_2 \longrightarrow H_2SO_4$

⑤ $\underline{SO_2} + Br_2 + 2H_2O \longrightarrow H_2SO_4 + 2HBr$

⑥ $\underline{SO_2} + 2H_2S \longrightarrow 3S + 2H_2O$

〈2011 年 本試〉

7 酸化還元反応 [正誤]

酸化還元反応を**含まない**ものを，次の①～⑤のうちから一つ選べ。

① 硫酸で酸性にした赤紫色の過マンガン酸カリウム水溶液にシュウ酸水溶液を加えると，ほぼ無色の溶液になった。

② 常温の水にナトリウムを加えると，激しく反応して水素が発生した。

③ 銅線を空気中で加熱すると，表面が黒くなった。

④ 硝酸銀水溶液に食塩水を加えると，白色沈殿が生成した。

⑤ 硫酸で酸性にした無色のヨウ化カリウム水溶液に過酸化水素水を加えると，褐色の溶液となった。

〈2016 年 本試〉

8 酸化還元滴定の計算 [計算]

物質 A を溶かした水溶液がある。この水溶液を 2 等分し，それぞれの水溶液中の A を，硫酸酸性条件下で異なる酸化剤を用いて完全に酸化した。0.020 mol/L の過マンガン酸カリウム水溶液を用いると x〔mL〕が必要であり，0.010 mol/L の二クロム酸カリウム水溶液を用いると y〔mL〕が必要であった。x と y の量的関係を表す $\dfrac{x}{y}$ として最も適当な数値を，後の①～⑧のうちから一つ選べ。ただし，2 種類の酸化剤のはたらき方は，次式で表され，いずれの場合も A を酸化して得られる生成物は同じである。

$$MnO_4^- + 8H^+ + 5e^- \longrightarrow Mn^{2+} + 4H_2O$$
$$Cr_2O_7^{2-} + 14H^+ + 6e^- \longrightarrow 2Cr^{3+} + 7H_2O$$

① 0.50　　② 0.60　　③ 0.88　　④ 1.1

⑤ 1.2　　⑥ 1.7　　⑦ 2.0　　⑧ 2.4

〈2016 年 本試〉

応用問題 化学基礎分野 ～思考力を養おう～ 解答 ➲ 別冊5頁

★ **9** **中和滴定実験**

学校の授業で，ある高校生がトイレ用洗浄剤に含まれる塩化水素の濃度を中和滴定により求めた。次に示したものは，その実験報告書の一部である。この報告書を読み，問1～4に答えよ。

「まぜるな危険 酸性タイプ」の洗浄剤に含まれる塩化水素濃度の測定

【目的】

トイレ用洗浄剤のラベルに「まぜるな危険 酸性タイプ」と表示があった。このトイレ用洗浄剤は塩化水素を約 10% 含むことがわかっている。この洗浄剤（以下「試料」という）を水酸化ナトリウム水溶液で中和滴定し，塩化水素の濃度を正確に求める。

【試料の希釈】

滴定に際して，試料の希釈が必要かを検討した。塩化水素の分子量は 36.5 なので，試料の密度を $1\ g/cm^3$ と仮定すると，試料中の塩化水素のモル濃度は約 3 mol/L である。この濃度では，約 0.1 mol/L の水酸化ナトリウム水溶液を用いて中和滴定を行うには濃すぎるので，試料を希釈することとした。試料の希釈溶液 10 mL に，約 0.1 mol/L の水酸化ナトリウム水溶液を 15 mL 程度加えたときに中和点となるようにするには，試料を ア 倍に希釈するとよい。

【実験操作】

1．試料 10.0 mL を，ホールピペットを用いてはかり取り，その質量を求めた。
2．試料を，メスフラスコを用いて正確に ア 倍に希釈した。
3．この希釈溶液 10.0 mL を，ホールピペットを用いて正確にはかり取り，コニカルビーカーに入れ，フェノールフタレイン溶液を2，3滴加えた。
4．ビュレットから 0.103 mol/L の水酸化ナトリウム水溶液を少しずつ滴下し，赤色が消えなくなった点を中和点とし，加えた水酸化ナトリウム水溶液の体積を求めた。
5．3と4の操作を，さらにあと2回繰り返した。

【結果】

1．実験操作1で求めた試料 10.0 mL の質量は 10.40 g であった。
2．この実験で得られた滴下量は次のとおりであった。

	加えた水酸化ナトリウム水溶液の体積〔mL〕
1回目	12.65
2回目	12.60
3回目	12.61
平均値	12.62

3．加えた水酸化ナトリウム水溶液の体積を，平均値 12.62 mL とし，試料中の塩化水素の濃度を求めた。なお，試料中の酸は塩化水素のみからなるものと仮定した。

（中略）

希釈前の試料に含まれる塩化水素のモル濃度は，2.60 mol/L となった。

4．試料の密度は，結果 1 より 1.04 g/cm^3 となるので，試料中の塩化水素（分子量36.5）の質量パーセント濃度は $\boxed{イ}$ ％であることがわかった。

（以下略）

問1 $\boxed{ア}$ に当てはまる数値として最も適当なものを，次の①〜⑤のうちから一つ選べ。
① 2　　② 5　　③ 10　　④ 20　　⑤ 50

問2 別の生徒がこの実験を行ったところ，水酸化ナトリウム水溶液の滴下量が，正しい量より大きくなることがあった。どのような原因が考えられるか。最も適当なものを，次の①〜④のうちから一つ選べ。
① 実験操作3で使用したホールピペットが水でぬれていた。
② 実験操作3で使用したコニカルビーカーが水でぬれていた。
③ 実験操作3でフェノールフタレイン溶液を多量に加えた。
④ 実験操作4で滴定開始前にビュレットの先端部分にあった空気が滴定の途中でぬけた。

問3 $\boxed{イ}$ に当てはまる数値として最も適当なものを，次の①〜⑤のうちから一つ選べ。
① 8.7　　② 9.1　　③ 9.5　　④ 9.8　　⑤ 10.3

問4 この「酸性タイプ」の洗浄剤と，次亜塩素酸ナトリウム NaClO を含む「まぜるな危険 塩素系」の表示のある洗浄剤を混合してはいけない。これは，式(1)のように弱酸である次亜塩素酸 HClO が生成し，さらに式(2)のように次亜塩素酸が塩酸と反応して，有毒な塩素が発生するためである。

NaClO + HCl ⟶ NaCl + HClO　…(1)

HClO + HCl ⟶ Cl$_2$ + H$_2$O　　　…(2)

式(1)の反応と類似性が最も高い反応はあ〜うのうちのどれか。また，その反応を選んだ根拠となる類似性は a，b のどちらか。反応と類似性の組合せとして最も適当なものを，後の①〜⑥のうちから一つ選べ。

【反応】
あ 過酸化水素水に酸化マンガン(IV)を加えると気体が発生した。
い 酢酸ナトリウムに希硫酸を加えると刺激臭がした。
う 亜鉛に希塩酸を加えると気体が発生した。

【類似性】
　a　弱酸の塩と強酸の反応である。
　b　酸化還元反応である。

	反応	類似性
①	あ	a
②	あ	b
③	い	a
④	い	b
⑤	う	a
⑥	う	b

〈大学入学共通テスト試行調査〉

次の文章を読み，問1〜3に答えよ。

電気陰性度は，原子が共有電子対を引きつける相対的な強さを数値で表したものである。アメリカの化学者ポーリングの定義によると，表1の値となる。

原子	H	C	O
電気陰性度	2.2	2.6	3.4

表1　ポーリングの電気陰性度

共有結合している原子の酸化数は，電気陰性度の大きい方の原子が共有電子対を完全に引きつけたと仮定して定められている。たとえば水分子では，図1のように酸素原子が矢印の方向に共有電子対を引きつけるので，酸素原子の酸化数は−2，水素原子の酸化数は+1となる。

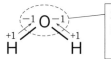

2個の水素原子から電子を1個ずつ引きつけるので，酸素原子の酸化数は−2となる。

図1

同様に考えると，二酸化炭素分子では，図2のようになり，炭素原子の酸化数は+4，酸素原子の酸化数は−2となる。

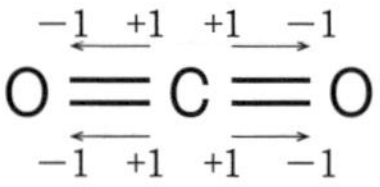

図2

ところで，過酸化水素分子の酸素原子は，図3のようにO−H結合において共有電子対を引きつけるが，O−O結合においては，どちらの酸素原子も共有電子対を引きつけることができない。したがって，酸素原子の酸化数はいずれも−1となる。

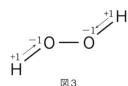

図3

問1　H_2O，H_2，CH_4の分子の形を図4に示す。これらの分子のうち，酸化数が+1の原子を含む無極性分子はどれか。正しく選択しているものを，後の①〜⑥のうちから一つ選べ。

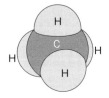

図4

① H_2O　　② H_2　　③ CH_4

④ H_2O と H_2　　⑤ H_2O と CH_4　　⑥ H_2 と CH_4

問2 エタノールは酒類に含まれるアルコールであり，酸化反応により構造が変化して酢酸となる。

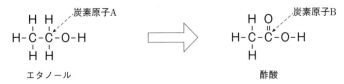

エタノール   酢酸

エタノール分子中の炭素原子 A の酸化数と，酢酸分子中の炭素原子 B の酸化数は，それぞれいくつか。最も適当なものを，次の①〜⑨のうちから一つずつ選べ。ただし，同じものを繰り返し選んでもよい。

　　　炭素原子 A： 1 　　　　炭素原子 B： 2

① +1　　② +2　　③ +3　　④ +4　　⑤ 0

⑥ −1　　⑦ −2　　⑧ −3　　⑨ −4

問3 清涼飲料水の中には，酸化防止剤としてビタミンC(アスコルビン酸)$C_6H_8O_6$ が添加されているものがある。ビタミンCは酸素 O_2 と反応することで，清涼飲料水中の成分の酸化を防ぐ。このときビタミンCおよび酸素の反応は，次のように表される。

$$C_6H_8O_6 \longrightarrow C_6H_6O_6 + 2H^+ + 2e^-$$

ビタミンC　　　ビタミンCが
　　　　　　　酸化されたもの

$$O_2 + 4H^+ + 4e^- \longrightarrow 2H_2O$$

ビタミンCと酸素が過不足なく反応したときの，反応したビタミンCの物質量と，反応した酸素の物質量の関係を表す直線として最も適当なものを，次の①〜⑤のうちから一つ選べ。

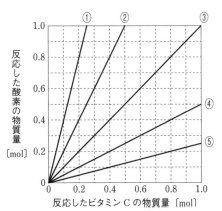

〈大学入学共通テスト試行調査〉

第2章 物質の状態

1 物質の三態

● **熱運動**…絶えず行っている粒子の運動

⇒ 熱運動は ア 温ほど活発になる

※気体分子の運動エネルギー分布（右図）

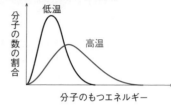

● **分子間にはたらく力**

・ イ …分子間にはたらく弱い引力

⇒ 分子量が大きいほど， ウ い

・ エ …電気陰性度の大きいF，O，Nの水素化合物の分子間に生じる静電気的引力

⇒ 負に帯電したF，O，Nと正に帯電したHの間に静電気的引力が生じる

※物質の沸点

> Rule 1 分子量が オ い物質ほど，沸点が高い 例 $CH_4 < C_2H_6 < C_3H_8$

> Rule 2 水素結合がはたらく物質は，沸点が異常に高い 例 $H_2O > H_2S$

● **蒸気圧と沸騰**

・ カ …単位時間に蒸発する粒子と凝縮する粒子の数がつりあい，見かけ上蒸発が起こっていないように見える状態

・ キ … カ における物質の蒸気の圧力

⇒ 高温ほど， ク くなる

・沸騰…蒸気圧＝ ケ となったとき，液体内部から蒸発する現象

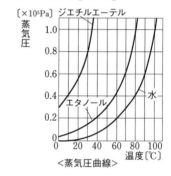

<蒸気圧曲線>

● **状態図**…圧力・温度と物質の状態の関係を表した図

例 水の状態図（右図）

※曲線の名称 A-T： コ

B-T： サ

C-T： シ

・ ス （点T）…固体，液体，気体がすべて共存できる温度・圧力

⇒ 三重点が 1.013×10^5 Pa（大気圧）より大きい物質は，常温・常圧で セ する

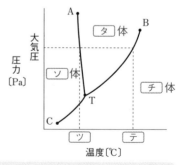

解答 ア：高 イ：ファンデルワールス力 ウ：強 エ：水素結合 オ：大き
カ：気液平衡 キ：（飽和）蒸気圧 ク：高 ケ：大気圧 コ：融解曲線
サ：蒸気圧曲線 シ：昇華（圧）曲線 ス：三重点 セ：昇華 ソ：固 タ：液
チ：気 ツ：融点 テ：沸点

1 物質の沸点 **正誤**

　右の図に示す14族，16族，17族元素の水素化合物の沸点に関する記述として下線部に**誤りを含むもの**を，次の①〜④のうちから一つ選べ。

① 16族元素の水素化合物のうち，水の沸点が高いのは，<u>水の一部が電離して H^+ と OH^- を生じるため</u>である。

② 第3〜5周期の同じ族の水素化合物で，分子量が大きくなると沸点が高くなるのは，分子間に<u>ファンデルワールス力がより強くはたらくため</u>である。

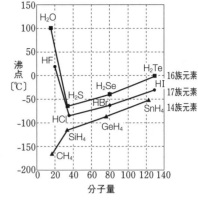

③ 同一周期の中で14族元素の水素化合物の沸点が低いのは，正四面体構造の<u>無極性分子であるため</u>である。

④ フッ化水素の沸点が塩化水素に比べて高いのは，分子間に<u>水素結合がより強くはたらくため</u>である。

〈2015 年 本試〉

2 気体分子の熱運動の分布 **知識**

　気体に関する次の文章中の ア 〜 ウ に当てはまる記号および語句の組合せとして正しいものを，後の①〜⑧のうちから一つ選べ。

　気体分子は熱運動によって空間を飛び回っている。図は温度 T_1(実線)と温度 T_2(破線)における，気体分子の速さとその速さをもつ分子の数の割合との関係を示したグラフである。ここで T_1 と T_2 の関係は T_1 ア T_2 である。変形しない密閉容器中では，単位時間に気体分子が容器の器壁に衝突する回数は，分子の速さが大きいほど イ なる。これは，温度を T_1 から T_2 へと変化させたときに，容器内の圧力が ウ なる現象と関連している。

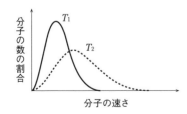

〈2017 年 本試〉

	ア	イ	ウ
①	>	多く	低く
②	>	多く	高く
③	>	少なく	低く
④	>	少なく	高く
⑤	<	多く	低く
⑥	<	多く	高く
⑦	<	少なく	低く
⑧	<	少なく	高く

3 温度変化と状態変化 [正誤]

右の図は，ある化合物の固体 0.10 mol に
1 時間あたり 6.0 kJ の熱を加えたときの加熱
時間と化合物の温度の関係を示している。こ
の図に関する次の記述 a～c について，正誤
の組合せとして正しいものを，後の①～⑧の
うちから一つ選べ。ただし，比熱とは質量
1 g の物質の温度を 1℃ 上げるのに必要な熱
量である。

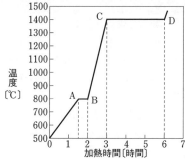

a　この物質の固体の比熱は，液体よりも大きい。
b　B～C の過程では，固体と液体が共存する。
c　この物質 1 mol を蒸発させるために必要な熱量は，約 180 kJ/mol である。

	a	b	c
①	正	正	正
②	正	正	誤
③	正	誤	正
④	正	誤	誤
⑤	誤	正	正
⑥	誤	正	誤
⑦	誤	誤	正
⑧	誤	誤	誤

〈2002 年 本試〉

4 物質の沸点・融点，蒸気圧 [正誤]

次の記述 a～c について，正誤の組合せとして正しいものを，後の①～⑧のうちから
一つ選べ。

a　圧力が一定のとき，氷が融解し始めてからすべて水になるまで，温度は一定に保た
れる。
b　水の飽和蒸気圧は，空気が共存しても変化しない。
c　水の沸点は，外圧が変化しても一定である。

	a	b	c
①	正	正	正
②	正	正	誤
③	正	誤	正
④	正	誤	誤
⑤	誤	正	正
⑥	誤	正	誤
⑦	誤	誤	正
⑧	誤	誤	誤

〈2001 年 本試〉

★ **5** 状態図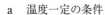

右の図は，温度と圧力に応じて，二酸化炭素がとりうる状態を示している。ここで，A，B，Cは固体，液体，気体のいずれかの状態を表す。臨界点以下の温度と圧力において，次の(a・b)それぞれの条件の下で，気体の二酸化炭素を液体に変える操作として最も適当なものを，それぞれの解答群の①〜④のうちから一つずつ選べ。ただし，T_TとP_Tはそれぞれ三重点の温度と圧力である。

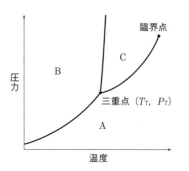

a　温度一定の条件
① T_Tより低い温度で，圧力を低くする。
② T_Tより低い温度で，圧力を高くする。
③ T_Tより高い温度で，圧力を低くする。
④ T_Tより高い温度で，圧力を高くする。

b　圧力一定の条件
① P_Tより低い圧力で，温度を低くする。
② P_Tより低い圧力で，温度を高くする。
③ P_Tより高い圧力で，温度を低くする。
④ P_Tより高い圧力で，温度を高くする。

〈2017年 本試〉

6 物質の三態の総合問題 正誤

物質の状態に関する記述として下線部に**誤りを含むもの**を，次の①〜④のうちから一つ選べ。

① ピストンつき密閉容器内の気体の温度を一定にしたまま体積を小さくすると，単位時間・単位面積あたり容器の壁に衝突する分子の数が増える。

② 温度を上げると気体中の分子の拡散が速くなるのは，気体の分子がエネルギーを得て，その運動が活発になるからである。

③ 蒸気圧が一定の密閉容器内では，液体の表面から飛び出した分子は再び液体中に戻らない。

④ 大気中に放置したビーカー中の液体が蒸発して次第にその量が減少するのは，蒸発した分子が空気中に拡散していくからである。

〈2005年 本試・改〉

第2章 物質の状態

2 | 気体の法則

●気体の基本法則

①ボイル・シャルルの法則

$$\frac{p_1 V_1}{T_1} = \boxed{\text{ア}}$$

②気体の状態方程式

$$pV = \boxed{\text{イ}}$$

※ R は $\boxed{\text{ウ}}$ とよばれ，$8.3 \times 10^3\,Pa \cdot L/(mol \cdot K)$ の値となる

●混合気体と分圧

・全圧…混合気体全体の圧力
・分圧…混合気体の成分気体が全体の体積を占めるときの圧力
・ドルトンの分圧の法則…混合気体の全圧は，各成分気体の分圧の和に等しい

例 気体 A の分圧を p_A〔Pa〕，気体 B の分圧を p_B〔Pa〕としたときの全圧 p〔Pa〕

$$p = \boxed{\text{エ}}$$

・モル分率…混合気体の全物質量に対する**各成分気体の物質量の割合**

例 気体 A n_A〔mol〕と気体 B n_B〔mol〕の混合気体の A，B のモル分率

A のモル分率：$\boxed{\text{オ}}$，B のモル分率：$\boxed{\text{カ}}$

※分圧＝モル分率× $\boxed{\text{キ}}$ で求められる

解答 ア：$\dfrac{p_2 V_2}{T_2}$ イ：nRT ウ：気体定数 エ：$p_A + p_B$ オ：$\dfrac{n_A}{n_A + n_B}$

カ：$\dfrac{n_B}{n_A + n_B}$ キ：全圧

必要があれば，次の値を使うこと。

原子量：$H = 1.0$，$C = 12$，$N = 14$，$O = 16$，$Ar = 40$

気体定数：$R = 8.3 \times 10^3\,Pa \cdot L/(mol \cdot K)$

7 気体の状態方程式と温度 計算

容積 4.15 L のフラスコに，27℃で $1 \times 10^5\,Pa$ の二酸化炭素を満たし，小さな穴を開けたアルミニウム箔でふたをした。これを，ある温度まで加熱したところ，フラスコの中から 0.050 mol の二酸化炭素が追い出された。フラスコは熱膨張しないとすれば，この温度は何度〔℃〕か。最も適当な数値を，次の①～⑤のうちから一つ選べ。

① 102　② 156　③ 375　④ 429　⑤ 477 〈1998 年 本試〉

気体の圧力・体積・温度を変化させることができるコックつきの容器(図1)を用いて次の〔実験1〕および〔実験2〕を行った。後の問い(a・b)に答えよ。ただし、気体は理想気体とし、温度の上昇による容器の熱膨張はないものとする。

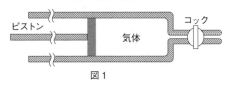

図1

〔**実験1**〕 圧力$3×10^5$Pa、体積1L、温度100Kでピストンを固定した。次に、容器内の温度を400Kに上げ、コックを開き、大気(圧力$1×10^5$Pa、400K)に開放した後、コックを閉じた。

a このとき、容器内の気体の全物質量は初めの何倍に変化したか。最も適当な数値を、次の①〜⑥のうちから一つ選べ。

① $\dfrac{1}{12}$ ② $\dfrac{1}{6}$ ③ $\dfrac{1}{3}$

④ $\dfrac{1}{2}$ ⑤ $\dfrac{2}{3}$ ⑥ $\dfrac{3}{4}$

〔**実験2**〕 圧力$3×10^5$Pa、体積1L、温度100Kで図1のコックを閉じ、ピストンを動かせるようにした。次に、圧力と温度を調節して、図2のように(1)→(2)→(3)→(4)の順に気体の状態を変化させた。

b このときの圧力と温度の関係として最も適当なものを、次の①〜⑤のうちから一つ選べ。

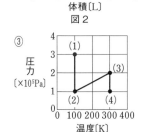

図2

①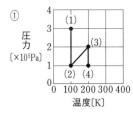

②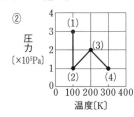

③
④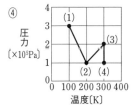

⑤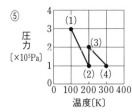

〈2005 年 追試〉

ボイルの実験 計算

イギリスの科学者ボイルは，17世紀の中頃，管内に閉じ込められた空気の体積（V）と圧力（P）との関係を調べ，ボイルの法則（$PV =$ 一定）を導いた。常温で大気圧（水銀柱760 mm の圧力）の下，断面積が一定の J 字管を用いて右の図のような実験を行ったとき，P および V に対応する長さはどれか。最も適当なものを，次の①〜⓪のうちから一つずつ選べ。ただし，同じものを繰り返し選んでもよい。

P に対応する長さ 　1　mm，

V に対応する長さ 　2　mm

① c ② $b+c$ ③ $c+d$ ④ $a+b+c$
⑤ $b+c+d$ ⑥ $c+760$ ⑦ $b+c+760$ ⑧ $c+d+760$
⑨ $a+b+c+760$ ⓪ $b+c+d+760$

〈1995 年 追試〉

---

10 **混合気体と分圧** 計算

0.32 g のメタン，0.20 g のアルゴン，0.28 g の窒素からなる混合気体がある。この混合気体の 500 K における窒素の分圧は 1.0×10^5 Pa である。この混合気体に関する次の問い（a・b）に答えよ。ただし，気体はすべて理想気体とみなす。

a 500 K における混合気体の体積〔L〕として最も適当な数値を，次の①〜⑤のうちから一つ選べ。

① 0.14 ② 0.42 ③ 1.0 ④ 1.4 ⑤ 4.2

b 500 K における混合気体の全圧〔Pa〕として最も適当な数値を，次の①〜⑤のうちから一つ選べ。

① 2.0×10^5 ② 2.5×10^5 ③ 3.0×10^5 ④ 3.5×10^5 ⑤ 4.0×10^5

〈2004 年 追試〉

★ 11 **気体の反応と圧力** 計算

次の文章中の　1　，　2　に当てはまる数値として最も適当なものを，後の①〜⑧のうちから一つずつ選べ。

触媒の入った 12 L の反応容器に，400 K でエチレン 1.00 mol と酸素 0.50 mol の混合気体を封入したところ，次の二つの反応が同時に進行した。

$$2C_2H_4 + O_2 \longrightarrow 2CH_3CHO$$
$$C_2H_4 + 3O_2 \longrightarrow 2CO_2 + 2H_2O$$

酸素がすべて消費されたとき，生成したアセトアルデヒドと二酸化炭素の物質量比は 2：1 であった。このとき，反応容器内の全圧は 400 K で　1　$\times 10^5$ Pa である。また，生成したアセトアルデヒドの質量は　2　g である。

① 1.3 ② 2.2 ③ 3.6 ④ 4.1
⑤ 14 ⑥ 18 ⑦ 26 ⑧ 32

〈1993 年 追試〉

3 蒸気圧・実在気体

Step 1 基礎 CHECK ～まずは基礎知識の確認を～

● **飽和蒸気圧**… ア 状態における気体の圧力

⇒ その物質が気体になることができる**最大の圧力**

● **蒸気圧の考え方**

パターン1 液体が存在するとき

⇒ その物質の気体の圧力(分圧)は必ず イ と等しい

パターン2 容器内に存在する物質の状態がわからないとき

⇒ 物質がすべて ウ で存在すると仮定し, その分圧 P' を計算する

① $P' \leqq$ (飽和蒸気圧) のとき, その物質は**すべて** エ で**存在する**

⇒ 物質の圧力 $P =$ オ

② $P' >$ (飽和蒸気圧) のとき, その物質は**一部** カ で**存在する**

⇒ 物質の圧力 $P =$ キ

● **理想気体**…仮想の気体

⇒ ク をもたず, ケ がはたらかない気体であり, コ が完全に成り立つ

● **実在気体**…実際に存在する気体

⇒ ク をもち, ケ がはたらく気体であり, コ からずれる

※実在気体は, サ 温・ シ 圧にすると, 理想気体に近づく

解答 ア：気液平衡 イ：飽和蒸気圧 ウ：気体 エ：気体 オ：P' カ：液体
キ：飽和蒸気圧 ク：分子自身の体積 ケ：分子間力 コ：気体の状態方程式
サ：高 シ：低

Step 2 演習問題 ～問題をこなし得点力をつけよう～ 解答 ▶ 別冊 11 頁

必要があれば, 次の値を使うこと。

原子量：H = 1.0, He = 4.0, C = 12, N = 14, O = 16

気体定数：$R = 8.3 \times 10^3 \, \mathrm{Pa \cdot L/(mol \cdot K)}$

12 水上置換法と気体の物質量 計算

過酸化水素の分解によって発生した酸素を, 水上置換でメスシリンダー内に捕集する。メスシリンダー内の気体の体積が27℃, $1.013 \times 10^5 \, \mathrm{Pa}$ で 150 mL であるとき, 酸素の物質量は何 mol か。最も適当な数値を, 次の①～⑥のうちから一つ選べ。ただし, 27℃における水の飽和蒸気圧は $3.6 \times 10^3 \, \mathrm{Pa}$ とする。

① 4.0×10^{-3} ② 5.9×10^{-3} ③ 6.1×10^{-3}

④ 6.3×10^{-3} ⑤ 6.7×10^{-3} ⑥ 8.3×10^{-3}

〈2016 年 本試〉

13 蒸気圧曲線 **計算**

次の図はエタノールの蒸気圧曲線である。容積 1.0 L の密閉容器に 0.010 mol のエタノールのみが入っている。容器の温度が 40℃ および 60℃ のとき，容器内の圧力はそれぞれ何 Pa か。圧力の値の組合せとして最も適当なものを，次の①〜⑦のうちから一つ選べ。ただし，容器内での液体の体積は無視できるものとする。

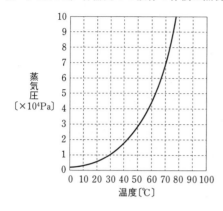

	40℃での圧力〔Pa〕	60℃での圧力〔Pa〕
①	1.8×10^4	2.3×10^4
②	1.8×10^4	2.8×10^4
③	1.8×10^4	4.5×10^4
④	2.3×10^4	2.3×10^4
⑤	2.3×10^4	2.8×10^4
⑥	2.6×10^4	2.8×10^4
⑦	2.6×10^4	4.5×10^4

〈2016 年 追試〉

★ **14** 蒸気圧とグラフ **グラフ**

1 L の真空の容器に水を入れ，100℃ に保って内部の圧力を測定した。水の質量を 0〜1 g の範囲で変えたとき，内部の圧力はどのように変わるか。最も適当なものを，次の①〜⑥に示すグラフのうちから一つ選べ。

①
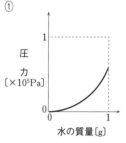

②
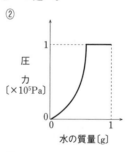

③
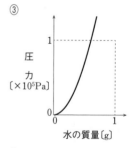

④
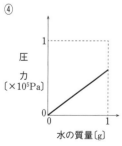

⑤
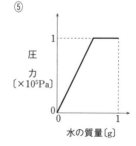

⑥
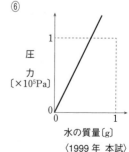

〈1999 年 本試〉

★ **15** 気体の燃焼と蒸気圧 **計算**

　27℃で物質量の比1：1の酸素と水素の混合気体を，少量の銅触媒とともに1Lの反応容器に封入した。その混合気体の圧力は 9.0×10^4 Pa であった。容器の体積は温度により変化しないとして，次の問い（a・b）に答えよ。気体はすべて理想気体とする。

a　容器の温度を上げると，次の反応が進行して水が生成する。

$$2H_2 + O_2 \longrightarrow 2H_2O$$

　温度を327℃に保ちながら，水素の量が半分になるまで反応させたとき，容器内の気体の全圧〔Pa〕はいくらになるか。次の①〜⑤のうちから，適当な数値を一つ選べ。

① 0.79×10^5　② 1.13×10^5　③ 1.35×10^5　④ 1.58×10^5　⑤ 3.16×10^5

b　aの反応で水素をすべて反応させたのち，容器の温度を27℃に戻した。このとき，容器内に存在する液体の水の質量〔g〕はいくらか。次の①〜⑤のうちから，適当な数値を一つ選べ。ただし，27℃における水の飽和蒸気圧は 4.0×10^3 Pa とする。

① 0.17　② 0.30　③ 0.49　④ 0.63　⑤ 3.3　　　　〈1994 年 追試〉

16 理想気体と実在気体 **正誤**

　理想気体と実在気体に関する記述として下線部に**誤りを含むもの**を，次の①〜⑤のうちから一つ選べ。

① 理想気体では，物質量と温度が一定であれば，圧力を変化させても<u>圧力と体積の積は変化しない</u>。

② 理想気体では，体積一定のまま温度を下げると<u>圧力は単調に減少する</u>。

③ 理想気体では，気体分子自身の<u>体積はないものと仮定している</u>。

④ 実在気体は，常圧では<u>温度が低いほど理想気体に近いふるまいをする</u>。

⑤ 実在気体であるアンモニア1molの体積が，標準状態において22.4Lより小さいのは，アンモニア分子間に<u>分子間力がはたらいているためである</u>。　　　　〈2016 年 追試〉

17 実在気体のグラフ **グラフ**

　次の図の曲線は，ヘリウム，窒素，二酸化炭素について，温度 T〔K〕を一定（373 K）にして，圧力 P〔Pa〕を変えながら，1 mol あたりの体積 V〔L/mol〕を測定し，$\dfrac{PV}{RT}$ の値を求めてかいたものである。曲線 A, B, C に対応する気体の組合せとして正しいものを，次の①〜⑥のうちから一つ選べ。ただし，R は気体定数である。

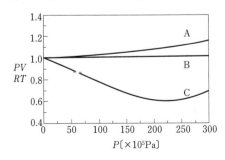

	A	B	C
①	He	N_2	CO_2
②	He	CO_2	N_2
③	N_2	He	CO_2
④	N_2	CO_2	He
⑤	CO_2	He	N_2
⑥	CO_2	N_2	He

〈1994 年 本試〉

4 | 溶解度

Step 1 | 基礎CHECK ～まずは基礎知識の確認を～

●固体の溶解度

・溶解度…一定量の溶媒に溶ける溶質の最大量
⇒ 固体の溶解度は，水 ア g に溶けうる溶質
の質量〔g〕で表す
※一般に，固体の溶解度は，高温ほど イ くなる
・ ウ 溶液…溶質を溶ける限界まで溶かした溶液
・ エ 平衡…固体が溶解する速さと析出する速さ
が等しくなり，見かけ上溶質の溶解と
析出が止まって見える状態
・溶解度曲線…溶解度と温度の関係を表した曲線
（右図）

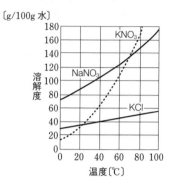

〔g/100g 水〕

※固体の溶解量の計算は，「問題の溶液」と「溶解度」を比べ，比例計算する

●気体の溶解度

・ヘンリーの法則…温度が一定のとき，一定量の溶媒への気体の溶解量は，その気体
の オ に比例する
※ヘンリーの法則は，溶解度の小さい気体でのみ成立する
　例 H₂，O₂，N₂ など

※一般に，気体の溶解度は，高温ほど カ くなる

解答 ア：100　イ：大き　ウ：飽和　エ：溶解　オ：圧力（分圧）　カ：小さ

Step 2 | 演習問題 ～問題をこなし得点力をつけよう～　　解答 ▶ 別冊 13 頁

18 水溶液の冷却と固体の析出 計算

50℃で，水 100 g に塩化カリウム KCl を 40.0 g 溶かした。この水溶液 100 g を 20℃
に冷却したとき，析出する KCl は何 g か。最も適当な数値を，次の①～⑤のうちから一
つ選べ。ただし，KCl は水 100 g に対し，50℃で 42.9 g，20℃で 34.2 g まで溶ける。

① 2.9　② 4.1　③ 5.8　④ 7.2　⑤ 8.7　　　　　　　　　　　　　〈1996 年 追試〉

19 水の蒸発と固体の析出 計算

20℃において 46 g の塩化ナトリウムが溶けている水溶液 1000 g がある。この水溶液
を加熱して濃縮した後，再び 20℃に保ったところ，10 g の塩化ナトリウムが析出した。
このとき蒸発した水の質量〔g〕として最も適当な数値を，次の①～⑤のうちから一つ選べ。
ただし，20℃では純水 100 g に塩化ナトリウムが 36 g まで溶けるものとする。

① 854　② 864　③ 900　④ 954　⑤ 964　　　　　　　　　　　　〈2000 年 本試〉

20 溶解度曲線 **計算**

右の図は，硝酸カリウムの溶解度（水 100 g に溶ける溶質の最大質量〔g〕の数値）と温度の関係を示す。55 g の硝酸カリウムを含む 60℃の飽和水溶液をつくった。この水溶液の温度を上げて，水の一部を蒸発させたのち，20℃まで冷却したところ，硝酸カリウム 41 g が析出した。蒸発した水の質量〔g〕はいくらか。最も適当な数値を，次の①～⑤のうちから一つ選べ。

① 3　　② 6　　③ 9
④ 12　　⑤ 14

〈2004 年 本試〉

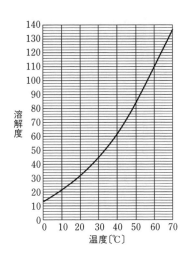

★ **21** 水和物の析出 **計算**

ある濃度の硫酸銅（Ⅱ）水溶液 205 g を，60℃から 20℃に冷却したところ，25 g の $CuSO_4 \cdot 5H_2O$（式量 250）の結晶が得られた。元の水溶液に含まれていた $CuSO_4$（式量 160）の質量は何 g か。最も適当な値を，次の①～⑤のうちから一つ選べ。ただし，$CuSO_4$（無水塩）は，水 100 g あたり，60℃で 40 g，20℃で 20 g まで溶ける。

① 32　　② 46　　③ 48　　④ 53　　⑤ 80

〈1995 年 追試〉

22 気体の溶解 **計算**

酸素は 1.0×10^5 Pa の下で 1.0 L の水に対して，4℃では 2.0×10^{-3} mol，40℃では 1.0×10^{-3} mol 溶ける。40℃，2.0×10^5 Pa の下で 2.0 L の水に溶ける酸素の量は，4℃，1.0×10^5 Pa の下で 1.0 L の水に溶ける量の何倍か。最も適当な数値を，次の①～⑤のうちから一つ選べ。ただし，酸素は十分な量存在するものとする。

① 0.25　　② 0.50　　③ 1.0　　④ 2.0　　⑤ 4.0

〈2005 年 本試〉

23 混合気体の溶解 **計算**

0℃，1.0×10^5 Pa で，ある液体 A 1.0 L に溶けるヘリウムと酸素の体積は，それぞれ 9.7 mL，48 mL である。体積比 4：1 のヘリウムと酸素からなる十分な量の混合気体を，0℃，1.0×10^5 Pa の下で，液体 A 1.0 L に十分長い時間接触させた。このとき液体 A 1.0 L に溶解したヘリウムの体積は，0℃，1.0×10^5 Pa で何 mL か。最も適当な数値を，次の①～⑤のうちから一つ選べ。ただし，ヘリウムと酸素の溶解度は互いに影響せず，気体が溶解した後も，混合気体の圧力と組成は変わらないものとする。また，ヘリウムと酸素は液体 A と反応しない。

① 1.9　　② 7.8　　③ 9.7　　④ 39　　⑤ 48

〈2016 年 追試〉

●沸点上昇・凝固点降下

・蒸気圧降下…溶液の蒸気圧は，純溶媒の蒸気圧よりも ［ ア ］い

・沸点上昇……溶液の沸点は，純溶媒の沸点よりも ［ イ ］い

・凝固点降下…溶液の凝固点は，純溶媒の凝固点よりも ［ ウ ］い

※沸点上昇，凝固点降下の大きさ Δt〔K〕は，溶液の ［ エ ］ m〔mol/kg〕に**比例する**

　　$\Delta t =$ ［ オ ］

　　K：モル沸点上昇，モル凝固点降下〔K・kg/mol〕 ⇒ ［ カ ］固有の値

注意 溶液の質量モル濃度は，溶液中の**粒子の総濃度**で計算する

　　　$NaCl \longrightarrow \underline{Na^+ + Cl^-}$

　　0.1 mol/kg 　　　0.1×2＝0.2 mol/kg で計算

●浸透圧…溶媒分子が移動しないように，溶液側にかける圧力

※浸透圧 Π〔Pa〕は，溶液の ［ キ ］ C〔mol/L〕と ［ ク ］ T〔K〕に比例する（R：気体定数）

　　$\Pi =$ ［ ケ ］ ⇒ $\Pi V =$ ［ コ ］　←ファントホッフの法則

注意 溶液のモル濃度は，溶液中の**粒子の総濃度**で計算する

●コロイド

・コロイド粒子…約 $10^{-9} \sim 10^{-6}$ m の大きさをもつ粒子

名称	現象	理由
［ サ ］運動	コロイド粒子の不規則な運動	熱運動している水分子がコロイド粒子に衝突するため
［ シ ］現象	コロイド粒子に光を当てると，光の道筋が見える現象	コロイド粒子が光を散乱させるため
［ ス ］	電圧をかけると，コロイド粒子が移動	コロイド粒子が電荷を帯びているため

　・疎水コロイド… ［ セ ］量の電解質を加えると，沈殿（＝［ ソ ］）するコロイド

　　例 水酸化鉄(Ⅲ)，泥水

　・親水コロイド… ［ タ ］量の電解質を加えると，沈殿（＝［ チ ］）するコロイド

　　例 デンプン，タンパク質，セッケン

　・［ ツ ］コロイド…疎水コロイドを沈殿しにくくするために加える親水コロイド

●水酸化鉄(Ⅲ)コロイドの合成

操作 沸騰水に塩化鉄(Ⅲ)水溶液を加える

※水酸化鉄(Ⅲ)コロイドは，［ テ ］に帯電している［ ト ］色の疎水コロイド

※反応後の溶液を ［ ナ ］することで，不純物である H^+ と Cl^- を除去できる

解答 ア：低　イ：高　ウ：低　エ：質量モル濃度　オ：Km　カ：溶媒
キ：モル濃度　ク：絶対温度　ケ：CRT　コ：nRT　サ：ブラウン　シ：チンダル
ス：電気泳動　セ：少　ソ：凝析　タ：多　チ：塩析　ツ：保護　テ：正
ト：赤褐　ナ：透析

必要があれば，次の値を使うこと。気体定数：$R = 8.3 \times 10^3$ Pa・L/(mol・K)

24 溶液の沸点 計算

次に示す濃度 0.10 mol/kg の水溶液 a ～ c について，沸点の高い順に並べたものとして正しいものを，後の①～⑥のうちから一つ選べ。

a　塩化マグネシウム水溶液　　b　尿素水溶液　　c　塩化カリウム水溶液

① a＞b＞c　　② a＞c＞b　　③ b＞a＞c

④ b＞c＞a　　⑤ c＞a＞b　　⑥ c＞b＞a　　　　　　〈2005 年 本試〉

25 凝固点降下の計算 計算

モル質量 M〔g/mol〕の非電解質の化合物 x〔g〕を溶媒 10 mL に溶かした希薄溶液の凝固点は，純溶媒の凝固点より Δt〔K〕低下した。この溶媒のモル凝固点降下が K_f〔K・kg/mol〕のとき，溶媒の密度 d〔g/cm^3〕を表す式として最も適当なものを，次の①～⑥のうちから一つ選べ。

① $\dfrac{M\Delta t}{100xK_f}$　　② $\dfrac{100xK_f}{M\Delta t}$　　③ $\dfrac{100K_f M}{x\Delta t}$

④ $\dfrac{x\Delta t}{100K_f M}$　　⑤ $\dfrac{10000xK_f}{M\Delta t}$　　⑥ $\dfrac{M\Delta t}{10000xK_f}$　　　〈2017 年 本試〉

26 冷却曲線 正誤

右の図は，ある純溶媒を冷却したときの冷却時間と温度の関係を表したものである。この図に関する記述として**誤りを含むもの**を，次の①～⑤のうちから一つ選べ。

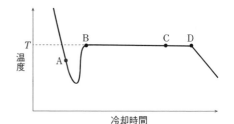

① 温度 T は凝固点である。

② 点 A では過冷却の状態にある。

③ 点 B から凝固が始まった。

④ 点 C では，液体と固体が共存していた。

⑤ この溶媒に少量の物質を溶かして冷却時間と温度の関係を調べたところ，点 D に相当する状態の温度は純溶媒に比べて低下した。　　　　　　〈2016 年 本試〉

27 浸透圧 正誤

浸透圧に関する記述として**誤りを含むもの**を，次の①～⑤のうちから一つ選べ。

① 純水とスクロース水溶液を半透膜で仕切り，液面の高さをそろえて放置すると，スクロース水溶液の体積が減少し，純水の体積が増加する。

② 浸透圧は，高分子化合物の分子量の測定に利用される。

③ グルコースの希薄水溶液の浸透圧は，モル濃度に比例する。

第2章

物質の状態

④ 同じモル濃度のスクロースと塩化ナトリウムの希薄水溶液の浸透圧を比較すると，塩化ナトリウムの希薄水溶液のほうが高い。

⑤ 希薄溶液の浸透圧は，絶対温度に比例する。 〈2016 本試〉

---

28 **コロイドの性質** 正誤

コロイドに関する次の記述①〜⑤のうちから，正しいものを一つ選べ。

① 塩化鉄（Ⅲ）の水溶液を，沸騰水に加えてつくったコロイド溶液に電極を入れ，直流電源につなぐと，コロイド粒子は陽極側に移動する。

② 硫黄のコロイド溶液を凝析させるためには，硫酸アルミニウム溶液よりも，塩化ナトリウム溶液のほうが有効である。

③ ゼラチンのコロイド溶液に少量の電解質溶液を加えると，ゼラチンが沈殿する。

④ 小さな分子やイオンを含んだタンパク質溶液をセロハンの袋に入れ，流水に浸すと，タンパク質はセロハンの袋の中に残る。

⑤ デンプン水溶液中のコロイド粒子の運動は，限外顕微鏡で観察できない。

〈1994 本試〉

---

29 **身のまわりの現象と溶液の性質** 正誤

次の表のア〜オについて，現象と化学用語が示されている。その両者の対応が**適切な場合を正**，**適切でない場合を誤**とするとき，ア〜オの正誤の組合せとして正しいものを，後の①〜⑥のうちから一つ選べ。

	現象	化学用語
ア	タンパク質水溶液に不純物として含まれる小さな分子やイオンは，その水溶液をセロハンに包んで水に浸しておくと除去できる。	浸透圧
イ	自動車エンジンの冷却水は，エチレングリコールを加えることによって，凍結しにくくなる。	凝固点降下
ウ	墨汁には，にかわが入っているため，炭素の微粒子が沈殿しにくい。	保護コロイド
エ	赤血球を水に浸すと，赤血球は膨張していき，破裂する。	透析
オ	水の中に分散した粘土の微粒子は，ミョウバンなどの電解質を加えると，沈殿する。	凝析

	ア	イ	ウ	エ	オ
①	誤	正	正	正	誤
②	正	正	誤	誤	正
③	誤	正	正	誤	正
④	正	誤	誤	正	誤
⑤	誤	誤	正	正	誤
⑥	正	誤	誤	誤	正

〈1997 本試〉

●結晶の種類

名称	共有結合の結晶	イオン結晶	金属結晶	分子結晶
結合	［ア］結合	［イ］結合	［ウ］結合	［エ］力
硬さ	非常に［オ］い	硬いがもろい	［カ］性・延性	［キ］い
融点	非常に［ク］い	高い	中～高い	低い
電気伝導性	なし ※黒鉛はあり	・固体は［ケ］ ・水溶液，融解液は［コ］	［サ］	なし
例	［シ］，ケイ素，二酸化ケイ素	塩化ナトリウム，ヨウ化カリウム	銅，鉄	［ス］，ヨウ素，ナフタレン

●金属の結晶格子

名称	体心立方格子	面心立方格子	六方最密構造
単位格子の構造	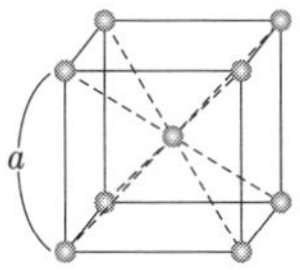	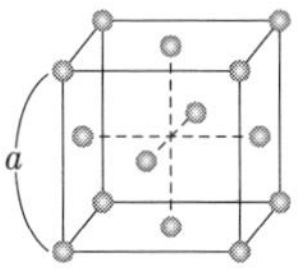	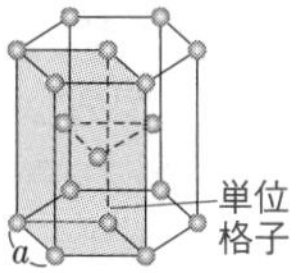 単位格子
単位格子中の原子数	［セ］個	［ソ］個	［タ］個
配位数	［チ］	［ツ］	［テ］
単位格子の一辺aと原子半径rの関係	$r=$［ト］	$r=$［ナ］	$r=\dfrac{a}{2}$
密度d	$d=$［ニ］	$d=$［ヌ］	
充填率	68%	［ネ］%	74%

※原子量M，アボガドロ定数N_A〔/mol〕とする。

解答 ア：共有　イ：イオン　ウ：金属　エ：分子間　オ：硬　カ：展　キ：軟らか　ク：高　ケ：なし　コ：あり　サ：あり　シ：ダイヤモンド　ス：ドライアイス　セ：2　ソ：4　タ：2　チ：8　ツ：12　テ：12　ト：$\dfrac{\sqrt{3}}{4}a$　ナ：$\dfrac{\sqrt{2}}{4}a$　ニ：$\dfrac{2M}{a^3 N_A}$　ヌ：$\dfrac{4M}{a^3 N_A}$　ネ：74

30 結晶の種類 [知識]

次の記述 a ～ c は，ダイヤモンド，塩化ナトリウム，アルミニウムの性質に関するものである。記述中の物質 A ～ C の組合せとして最も適当なものを，後の①～⑥のうちから一つ選べ。

a　A，B，C のうち，固体状態で最も電気伝導性がよいのは A である。

b　A と B は水に溶けないが，C は水に溶ける。

c　A と C の融点に比べて，B の融点は非常に高い。

	A	B	C
①	ダイヤモンド	塩化ナトリウム	アルミニウム
②	ダイヤモンド	アルミニウム	塩化ナトリウム
③	塩化ナトリウム	アルミニウム	ダイヤモンド
④	塩化ナトリウム	ダイヤモンド	アルミニウム
⑤	アルミニウム	塩化ナトリウム	ダイヤモンド
⑥	アルミニウム	ダイヤモンド	塩化ナトリウム

〈2003 年 追試〉

31 結晶の性質 [正誤]

結晶に関する記述として**誤っているもの**を，次の①～⑤のうちから一つ選べ。

① 塩化ナトリウムの結晶では，それぞれのナトリウムイオンに隣接して 6 個の塩化物イオンが配列している。

② 黒鉛（グラファイト）の結晶では，それぞれの炭素原子が四つの等価な共有結合を形成している。

③ 鉄の結晶では，自由電子が鉄イオンを互いに結びつける役割を果たしている。

④ ヨウ素の結晶では，ヨウ素分子 I_2 が分子間力によって規則的に配列している。

⑤ 石英（二酸化ケイ素）の結晶では，それぞれのケイ素原子が 4 個の酸素原子と共有結合している。

〈2000 年 追試〉

32 金属結晶の密度 [計算]

金属結晶では，金属原子が規則正しく配列している。金属ナトリウムの単位格子は，右の図の立方体で表される。金属ナトリウムの密度を d〔g/cm³〕，ナトリウムのモル質量を W〔g/mol〕，アボガドロ定数を N_A〔/mol〕としたとき，単位格子の体積〔cm³〕を表す式として正しいものを，次の①～⑥のうちから一つ選べ。

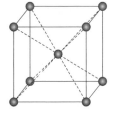

① $\dfrac{WN_A}{d}$ 　② $\dfrac{2WN_A}{d}$ 　③ $\dfrac{5WN_A}{d}$

④ $\dfrac{W}{dN_A}$ 　⑤ $\dfrac{2W}{dN_A}$ 　⑥ $\dfrac{5W}{dN_A}$

〈2016 年 追試〉

★ 33 イオン結晶 正誤

右の図は，原子 A の陽イオンと原子 B の陰イオンからなる結晶の単位格子を示したものである。この単位格子は一辺の長さが a の立方体である。この結晶に関する記述として正しいものを，次の①〜⑤のうちから一つ選べ。

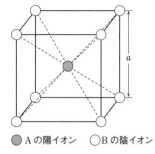

● A の陽イオン　○ B の陰イオン

① 陽イオンと陰イオンとの最短距離は $\sqrt{3}\,a$ である。
② 単位格子の一辺の長さ a は，A と B の原子量およびアボガドロ定数だけから求められる。
③ 組成式は AB_8 である。
④ 陽イオンに隣接する陰イオンの数と，陰イオンに隣接する陽イオンの数は等しい。
⑤ この単位格子は面心立方格子とよばれる。

〈2001 年 追試〉

34 共有結合の結晶 計算

ある元素の原子だけからなる共有結合の結晶がある。結晶の単位格子（立方体）と，その一部を拡大したものを次の図に示す。単位格子の一辺の長さを a〔cm〕，結晶の密度を d〔g/cm^3〕，アボガドロ定数を N_A〔/mol〕とするとき，後の問い（**ア・イ**）に答えよ。

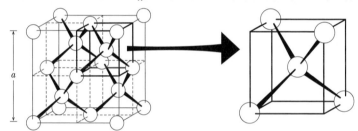

ア この元素の原子量はどのように表されるか。最も適当な式を，次の①〜④のうちから一つ選べ。

① $\dfrac{a^3 d N_A}{8}$　② $\dfrac{a^3 d N_A}{9}$　③ $\dfrac{a^3 d N_A}{10}$　④ $\dfrac{a^3 d N_A}{12}$

イ 原子間結合の長さ〔cm〕はどのように表されるか。最も適当な式を，次の①〜④のうちから一つ選べ。

① $\dfrac{\sqrt{2}\,a}{4}$　② $\dfrac{\sqrt{3}\,a}{4}$　③ $\dfrac{\sqrt{2}\,a}{2}$　④ $\dfrac{\sqrt{3}\,a}{2}$

〈1999 年 本試〉

応用問題 | 物質の状態 ～思考力を養おう～

解答 ▶ 別冊 20 頁

必要があれば，次の値を使うこと。気体定数：$R = 8.3 \times 10^3$ Pa·L/(mol·K)

★ 35 蒸気圧曲線

蒸気圧（飽和蒸気圧）に関する次の問い（a・b）に答えよ。

a　エタノール C_2H_5OH の蒸気圧曲
線を右の図1に示す。ピストン付き
の容器に 90℃で 1.0×10^5 Pa の
C_2H_5OH の気体が入っている。こ
の気体の体積を 90℃のままで5倍
にした。その状態から圧力を一定に
保ったまま温度を下げたときに凝縮
が始まる温度を2桁の数値で表すと
き，☐1☐ と ☐2☐ に当てはまる数
字を，次の①～⓪のうちから一つず
つ選べ。ただし，温度が1桁の場合
には，☐1☐ には⓪を選べ。また，
同じものを繰り返し選んでもよい。

　　☐1☐☐2☐℃

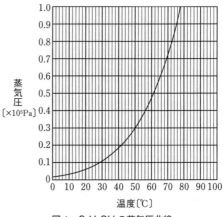

図1　C_2H_5OH の蒸気圧曲線

① 1　　② 2　　③ 3　　④ 4　　⑤ 5
⑥ 6　　⑦ 7　　⑧ 8　　⑨ 9　　⓪ 0

b　容積一定の 1.0 L の密閉容器に
0.024 mol の液体の C_2H_5OH のみを
入れ，その状態変化を観測した。密
閉容器の温度を 0℃から徐々に上げ
ると，ある温度で C_2H_5OH がすべ
て蒸発したが，その後も加熱を続け
た。蒸発した C_2H_5OH がすべての
圧力領域で理想気体としてふるまう
とすると，容器内の気体の C_2H_5OH
の温度と圧力は，図2の点 A ～ G
のうち，どの点を通り変化するか。
経路として最も適当なものを，次の
①～⑤のうちから一つ選べ。ただし，

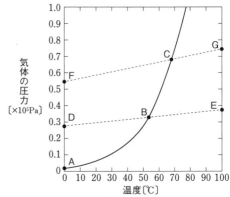

図2　気体の圧力と温度の関係
（実線──は C_2H_5OH の蒸気圧曲線）

液体状態の C_2H_5OH の体積は無視できるものとする。

① A→B→C→G　　② A→B→E　　③ D→B→C→G
④ D→B→E　　　　⑤ F→C→G

〈2021年 第1日程〉

★ 36 固体の溶解度

図1に示す塩化カリウム KCl，硝酸カリウム KNO_3，および硫酸マグネシウム $MgSO_4$ の水に対する溶解度曲線を用いて，固体の溶解および析出に関する後の問い（a・b）に答えよ。

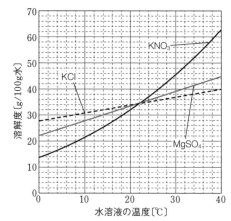

図1 KCl，KNO_3，および $MgSO_4$ の溶解度曲線

a KCl（式量 74.5）と KNO_3（式量 101）の水への溶解と水溶液からの析出に関する記述として誤りを含むものはどれか。最も適当なものを，次の①～④のうちから一つ選べ。

① KClの飽和水溶液と KNO_3 の飽和水溶液では，いずれも温度が低い方がカリウムイオンの濃度が小さい。

② 水100gに KCl を溶かした30℃の飽和水溶液と，水100gに KNO_3 を溶かした30℃の飽和水溶液を調製し，両方の温度を10℃に下げると，析出する塩の質量は KCl の方が大きい。

③ 水100gに KCl を溶かした22℃の飽和水溶液と，水100gに KNO_3 を溶かした22℃の飽和水溶液を比べると，カリウムイオンの物質量は KNO_3 の飽和水溶液の方が小さい。

④ 水100gに KCl 25 g を加えると，10℃ではすべて溶けるが，水100gに KNO_3 25 g を加えると，10℃では一部が溶けずに残る。

b $MgSO_4$ の水溶液を冷却して得られる結晶は，$MgSO_4$ の水和物である。水100gに，ある量の $MgSO_4$ が溶けている水溶液 A を14℃に冷却する。このとき，析出する $MgSO_4$ の水和物の質量が12.3gであり，その中の水和水の質量が6.3gである場合，冷却前の水溶液 A に溶けている $MgSO_4$ の質量は何gか。最も適当な数値を，次の①～⑥のうちから一つ選べ。

① 28　② 30　③ 32　④ 34　⑤ 36　⑥ 42　　　〈2023年 追試〉

第2章 物質の状態　37

37 ヘンリーの法則

空気の水への溶解は，水中生物の呼吸(酸素の溶解)やダイバーの減圧症(溶解した窒素の遊離)などを理解するうえで重要である。1.0×10^5 Pa の N_2 と O_2 の溶解度(水 1 L に溶ける気体の物質量)の温度変化をそれぞれ図 1 に示す。N_2 と O_2 の水への溶解に関する後の問い(a・b)に答えよ。ただし，N_2 と O_2 の水への溶解は，ヘンリーの法則に従うものとする。

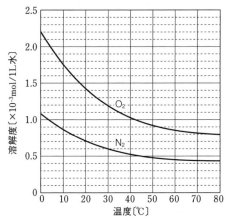

図 1 1.0×10^5 Pa の N_2 と O_2 の溶解度の温度変化

a 　1.0×10^5 Pa で O_2 が水 20 L に接している。同じ圧力で温度を 10℃から 20℃にすると，水に溶解している O_2 の物質量はどのように変化するか。最も適当な記述を，次の①〜⑤のうちから一つ選べ。

①　3.5×10^{-4} mol 減少する。　　②　7.0×10^{-3} mol 減少する。

③　変化しない。　　　　　　　　　　④　3.5×10^{-4} mol 増加する。

⑤　7.0×10^{-3} mol 増加する。

b 　図 2 に示すように，ピストンの付いた密閉容器に水と空気(物質量比 $N_2 : O_2 = 4 :$ 1)を入れ，ピストンに 5.0×10^5 Pa の圧力を加えると，20℃で水および空気の体積はそれぞれ 1.0 L，5.0 L になった。次に，温度を一定に保ったままピストンを引き上げ，圧力を 1.0×10^5 Pa にすると，水に溶解していた気体の一部が遊離した。このとき，遊離した N_2 の体積は 0℃，1.013×10^5 Pa のもとで何 mL か。最も近い数値を，次ページの①〜⑤のうちから一つ選べ。また，密閉容器内の空気の N_2 と O_2 の物質量比の変化と水の蒸気圧は，いずれも無視できるものとする。

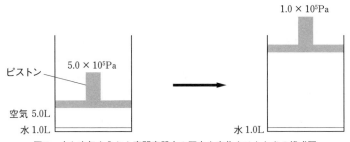

5.0 × 10⁵Pa

ピストン

空気 5.0L

水 1.0L

1.0 × 10⁵Pa

水 1.0L

図2　水と空気を入れた密閉容器内の圧力を変化させたときの模式図

① 13　② 16　③ 50　④ 63　⑤ 78　　　　　〈2022 年 本試〉

38　凝固点降下

　ある溶媒 A に溶解した安息香酸(分子式 $C_7H_6O_2$, 分子量 122)は，その一部が水素結合によって会合して二量体を形成し，式(1)の化学平衡が成り立つ。

$$2 \langle\text{ベンゼン環}\rangle C\!\!\begin{array}{c}O\\O\text{-H}\end{array} \rightleftharpoons \langle\text{ベンゼン環}\rangle C\!\!\begin{array}{c}O\cdots\cdots\cdots\text{H-O}\\O\text{-H}\cdots\cdots\cdots O\end{array}\!\!C\langle\text{ベンゼン環}\rangle \quad\cdots(1)$$

二量体

　一方，溶媒 A に溶解したナフタレン(分子式 $C_{10}H_8$, 分子量 128)は，カルボキシ基をもたないので，このような二量体を形成しない。

　安息香酸による凝固点降下では，二量体は 1 個の溶質粒子としてふるまう。そのため，ナフタレンによる凝固点降下と比較することで，二量体を形成する安息香酸の割合を知ることができる。次の問い(a 〜 c)に答えよ。

a　図1は，溶媒 A にナフタレンを溶解した溶液(ナフタレンの溶液)の質量モル濃度と凝固点との関係を表したグラフである。

　図1から求められる溶媒 A のモル凝固点降下の値を 2 桁の整数で表すとき，⬚1 と ⬚2 に当てはまる数字を，次の①〜⓪のうちから一つずつ選べ。ただし，同じものを繰り返し選んでもよい。また，値が 1 桁の場合には，⬚1 には⓪を選べ。

　⬚1 ⬚2 K・kg/mol

① 1　② 2　③ 3　④ 4　⑤ 5
⑥ 6　⑦ 7　⑧ 8　⑨ 9　⓪ 0

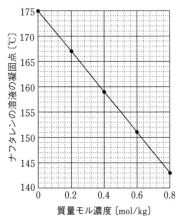

図1　ナフタレンの溶液の質量モル濃度と凝固点の関係

b　溶液中でどのくらいの安息香酸が二量体を形成しているかを示す値として，式(2)で定義される会合度 β を求めたい。

$$\beta = \frac{\text{二量体を形成している安息香酸の物質量}}{\text{溶液に含まれる安息香酸の全物質量}} \quad \cdots(2)$$

ある質量モル濃度になるように溶媒Aに安息香酸を溶解し,この溶液(安息香酸の溶液)の凝固点を測定した。同じ質量モル濃度のナフタレンの溶液における凝固点降下度(凝固点降下の大きさ)ΔT_f と安息香酸の溶液における凝固点降下度 $\Delta T_f'$ を比較したところ,$\Delta T_f' = \frac{3}{4}\Delta T_f$ であった。このときの β の値として最も適当な数値を,次の①～④のうちから一つ選べ。ただし,β の値は温度によらず変わらないものとする。

① 0.13 ② 0.25 ③ 0.50 ④ 0.75

c 式(2)の平衡状態において,二量体を形成していない安息香酸分子の数 m に対する二量体の数 n の比 $\frac{n}{m}$ を,式(3)の β を用いて表すとき,最も適当なものを,次の①～⑤のうちから一つ選べ。

① $\dfrac{2\beta}{1-\beta}$ ② $\dfrac{\beta}{1-\beta}$ ③ $\dfrac{\beta}{2(1-\beta)}$ ④ $\dfrac{1-\beta}{\beta}$ ⑤ $\dfrac{\beta}{2}$

〈2022年 追試〉

39 イオン結晶

硫化カルシウム CaS(式量72)の結晶構造に関する次の記述を読み,後の問い(a ~ c)に答えよ。

CaS の結晶中では,カルシウムイオン Ca^{2+} と硫化物イオン S^{2-} が図1に示すように規則正しく配列している。結晶中の Ca^{2+} と S^{2-} の配位数はいずれも ア で,単位格子は Ca^{2+} と S^{2-} がそれぞれ4個ずつ含まれる立方体である。隣り合う Ca^{2+} と S^{2-} は接しているが,(a)電荷が等しい Ca^{2+} どうし,および S^{2-} どうしは,結晶中で互いに接していない。Ca^{2+} のイオン半径を r_{Ca},S^{2-} のイオン半径を R_s とすると $r_{Ca} < R_s$ であり,CaS の結晶の単位格子の体積 V は イ で表される。

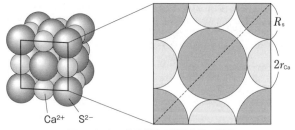

図1 CaS の結晶構造と単位格子の断面

a 空欄 ア ・ イ に当てはまる数字または式として最も適当なものを,それぞれの解答群の①～⑤のうちから一つずつ選べ。

アの解答群

① 4 ② 6 ③ 8 ④ 10 ⑤ 12

イの解答群

① $V = 8(R_s + r_{Ca})^3$　　② $V = 32(R_s{}^3 + r_{Ca}{}^3)$　　③ $V = (R_s + r_{Ca})^3$

④ $V = \dfrac{16}{3}\pi\,(R_s{}^3 + r_{Ca}{}^3)$　　⑤ $V = \dfrac{4}{3}\pi\,(R_s{}^3 + r_{Ca}{}^3)$

b　エタノール 40 mL を入れた
メスシリンダーを用意し，CaS
の結晶 40 g をこのエタノール
中に加えたところ，結晶はもと
の形のまま溶けずに沈み，図2
に示すように，40 の目盛りの
位置にあった液面が 55 の目盛
りの位置に移動した。この結晶
の単位格子の体積 V は何 cm^3
か。最も適当な数値を，後の①
〜⑤のうちから一つ選べ。ただ
し，アボガドロ定数を 6.0×10^{23}/mol とする。

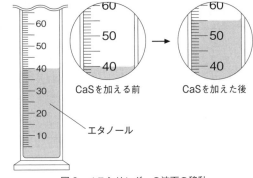

図2　メスシリンダーの液面の移動

① 4.5×10^{-23}　　② 1.8×10^{-22}　　③ 3.6×10^{-22}

④ 6.6×10^{-22}　　⑤ 1.3×10^{-21}

c　図1に示すような配列の結晶構造をとる物質は CaS 以外にも存在する。そのよう
な物質では下線部(a)に示すのと同様に，結晶中で陽イオンどうし，および陰イオン
どうしが互いに接していないものが多い。結晶を構成する2種類のイオンのうち，イ
オンの大きさが大きい方のイオン半径を R，小さい方のイオン半径を r として結晶の
安定性を考える。このとき，R が $\left(\sqrt{\boxed{\text{ウ}}} + \boxed{\text{エ}}\right)r$ 以上になると，図1に示す単位格
子の断面の対角線(破線)上で大きい方のイオンどうしが接するようになる。その結果，
この結晶構造が不安定になり，異なる結晶構造をとりやすくなることが知られている。

　空欄 $\boxed{\text{ウ}}$・$\boxed{\text{エ}}$ に当てはまる数字として最も適当なものを，後の①〜⓪のうちか
ら一つずつ選べ。ただし，同じものを繰り返し選んでもよい。

① 1　　② 2　　③ 3　　④ 4　　⑤ 5

⑥ 6　　⑦ 7　　⑧ 8　　⑨ 9　　⓪ 0

〈2023 年 本試〉

物質の変化

1 化学反応と熱

Step 1 基礎CHECK ～まずは基礎知識の確認を～

●発熱反応と吸熱反応

- ・エンタルピー…物質のもつエネルギーを表す量
- ・反応エンタルピー ΔH…(生成物のエンタルピーの和)－(反応物のエンタルピーの和)
- ・発熱反応…熱を発生する反応 ⇒ 物質のエンタルピーの総和：反応物 [ア] 生成物
- ・吸熱反応…熱を吸収する反応 ⇒ 物質のエンタルピーの総和：反応物 [イ] 生成物

― 不等号

●反応エンタルピーの種類

① [ウ] エンタルピー…物質1molが完全 [ウ] するときのエンタルピー変化

例 $CH_3OH(液) + \dfrac{3}{2}O_2(気) \longrightarrow CO_2(気) + 2[エ]$ $\Delta H = -726\ kJ$

② [オ] エンタルピー…物質1molが成分元素の**安定な単体から** [オ] するときのエンタルピー変化

例 $2C([カ]) + [キ](気) \longrightarrow C_2H_6(気)$ $\Delta H = -84\ kJ$

③ [ク] エンタルピー…物質1molが多量の溶媒に [ク] するときのエンタルピー変化

例 $NaOH(固) + aq \longrightarrow [ケ]$ $\Delta H = -44\ kJ$

④ [コ] エンタルピー…酸と塩基が中和して**水1mol**が生成するときのエンタルピー変化

例 $HClaq + NaOHaq \longrightarrow [サ] + H_2O(液)$ $\Delta H = -57\ kJ$

⑤ [シ] エンタルピー…物質1molが [シ] するときのエンタルピー変化

例 $H_2O(液) \longrightarrow H_2O(気)$ $\Delta H = 44\ kJ$

⑥ [ス] エネルギー([ス] エンタルピー)…共有結合1molを切るときのエンタルピー変化

例 $H_2(気) \longrightarrow [セ](気)$ $\Delta H = 436\ kJ$

※エンタルピー変化を書き加えた化学反応式では，**基準物質の係数を1**とする。

⇒ 「係数＝mol」を表す。

● [ソ] の法則…反応エンタルピーは，反応前後の状態のみで決まり，反応の経路に無関係である

☆反応エンタルピーの算出方法

与えられた反応エンタルピーの化学反応式から，求めたい化学反応式を導出する
⇒ 連立方程式を解くように扱うことができる

解答 ア：＞　イ：＜　ウ：燃焼　エ：H_2O(液)　オ：生成　カ：黒鉛　キ：$3H_2$
ク：溶解　ケ：NaOHaq　コ：中和　サ：NaClaq　シ：蒸発　ス：結合　セ：2H
ソ：ヘス(総熱量保存)

1 反応エンタルピーの種類 正誤

化学反応や状態変化に伴う熱の出入りに関する記述として**誤っているもの**を，次の①～⑤のうちから一つ選べ。

① 燃焼エンタルピーは，物質 1 mol が完全燃焼するときのエンタルピー変化である。

② 生成エンタルピーは，物質 1 mol がその成分元素の単体から生成するときのエンタルピー変化である。

③ 中和エンタルピーは，H^+ と OH^- が反応して水 1 mol が生じるときのエンタルピー変化である。

④ 蒸発エンタルピーは，物質が蒸発するときのエンタルピー変化であり，その値は負である。

⑤ 融解エンタルピーは，物質が融解するときのエンタルピー変化であり，その値は正である。 〈2013 年 追試・改〉

2 化学反応とエンタルピー変化 正誤

熱の出入りに関する記述として下線部に**誤りを含むもの**を，次の①～⑤のうちから一つ選べ。

① ジエチルエーテルの蒸発エンタルピーは 27 kJ/mol である。したがって，1 mol のジエチルエーテルの気体が凝縮するとき <u>27 kJ の熱が放出される</u>。

② Mg の燃焼エンタルピーは -602 kJ/mol である。したがって，<u>MgO の生成エンタルピーは -602 kJ/mol である</u>。

③ CO の燃焼エンタルピーの値は負である。したがって，<u>CO の生成エンタルピーの絶対値は CO_2 の生成エンタルピーの絶対値よりも大きい</u>。

④ エタンの生成エンタルピーの値は負，エチレンの生成エンタルピーの値は正である。したがって，エチレンに H_2 が付加してエタンが生成する反応は<u>発熱反応である</u>。

⑤ 酸と塩基の中和エンタルピーの値は負である。したがって，塩酸を水酸化ナトリウム水溶液で中和するとき<u>熱が発生する</u>。 〈2007 年 本試・改〉

3 エンタルピーの大小関係 計算

次の化学反応を利用すると，炭素の同素体について，物質のエンタルピー(化学エネルギー)を比較することができる。同じ質量の黒鉛，ダイヤモンド，フラーレン C_{60} について，物質のエンタルピーが小さいものから順に正しく並べられたものを，後の①～⑥のうちから一つ選べ。

$$C(ダイヤモンド) + O_2(気) \longrightarrow CO_2(気) \quad \Delta H = -396 \text{ kJ}$$
$$C_{60}(フラーレン) + 60O_2(気) \longrightarrow 60CO_2(気) \quad \Delta H = -25930 \text{ kJ}$$
$$C(黒鉛) \longrightarrow C(ダイヤモンド) \quad \Delta H = 2 \text{ kJ}$$

① 黒鉛＜ダイヤモンド＜フラーレン C_{60} ② 黒鉛＜フラーレン C_{60} ＜ダイヤモンド

③ ダイヤモンド＜黒鉛＜フラーレン C_{60} ④ ダイヤモンド＜フラーレン C_{60} ＜黒鉛

⑤ フラーレン C_{60} ＜黒鉛＜ダイヤモンド   ⑥ フラーレン C_{60} ＜ダイヤモンド＜黒鉛

〈2009 年 本試・改〉

4 反応エンタルピーの計算と蒸発エンタルピー 計算

アセチレンの燃焼反応は，次の化学反応式で表される。

$$C_2H_2(気) + \frac{5}{2}O_2(気) \longrightarrow 2CO_2(気) + H_2O(液) \quad \Delta H = -1309 \text{ kJ}$$

CO_2（気）および H_2O（気）の生成エンタルピーは，それぞれ -394 kJ/mol および -242 kJ/mol，また水の蒸発エンタルピーは 44 kJ/mol である。以上から，アセチレンの生成エンタルピー〔kJ/mol〕を計算するといくらになるか。最も適当な数値を，次の①〜⑥のうちから一つ選べ。

① 323　② 279　③ 235　④ -235　⑤ -279　⑥ -323

〈1998 年 追試・改〉

5 必要な反応エンタルピーの種類 計算

次の化学反応式の ΔH を求めることができる反応エンタルピーの組合せを，後の①〜④のうちから一つ選べ。

$$C_2H_4(気) + H_2O(液) \longrightarrow C_2H_5OH(液) \quad \Delta H〔kJ〕$$

① C_2H_4（気）の燃焼エンタルピー，C_2H_5OH（液）の燃焼エンタルピー
② C_2H_4（気）の燃焼エンタルピー，C_2H_5OH（液）の生成エンタルピー
③ C_2H_4（気）の生成エンタルピー，C_2H_5OH（液）の燃焼エンタルピー
④ C_2H_4（気）の生成エンタルピー，C_2H_5OH（液）の生成エンタルピー 〈2013 年 本試・改〉

★ **6** 中和エンタルピーと溶解エンタルピー 計算

次の A〜C の熱量と反応エンタルピーを用いて，水酸化カリウムの水への溶解エンタルピーを求めるといくらになるか。最も適当な数値を，後の①〜⑥のうちから一つ選べ。

A	塩化水素 1 mol を含む希塩酸に，水酸化カリウム 1 mol を含む希薄水溶液を加えて反応させたときの発熱量	56 kJ
B	硫酸 1 mol を水に加えて希硫酸とし，それに固体の水酸化カリウムを加えてちょうど中和させたときの合計の発熱量	323 kJ
C	硫酸の水への溶解エンタルピー	-95 kJ/mol

① -116　② -86　③ -58　④ 58　⑤ 86　⑥ 116 〈2010 年 本試・改〉

7 結合エネルギー 計算

NH_3（気）1 mol 中の N–H 結合をすべて切断するときのエンタルピー変化は何 kJ か。最も適当な数値を，後の①〜⑥のうちから一つ選べ。ただし，H–H および N≡N の結合エネルギー（結合エンタルピー）はそれぞれ 436 kJ/mol，945 kJ/mol であり，NH_3（気）の生成エンタルピー〔kJ/mol〕は次の化学反応式で表されるものとする。

$$\frac{3}{2}H_2(気) + \frac{1}{2}N_2(気) \longrightarrow NH_3(気) \quad \Delta H = -46 \text{ kJ}$$

① 360　② 391　③ 1080　④ 1170　⑤ 2160　⑥ 2350

〈2017 年 本試・改〉

● **物質量〔mol〕と熱量の関係** ⇒ 反応エンタルピーは**物質 1 mol あたりのエンタルピー変化**であり，それが外界で熱量として観測される。

● **比熱**…物質 1 g の温度を 1 K 上昇させるのに必要な熱量　**例**　水：4.2 J/(g·K)
　⇒　比熱が大きい物質ほど，温度が上がり ⌐ア⌐ い

● **温度上昇と熱量の関係**

　　熱量〔J〕= ⌐イ⌐ 〔g〕× ⌐ウ⌐ 〔J/(g·K)〕× 温度上昇〔K〕

● **熱量の測定実験**

　例　水酸化ナトリウムの固体を水に加えたときの温度変化

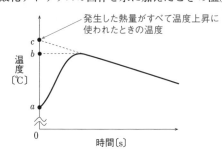

　　　　　　　　　　発生した熱量がすべて温度上昇に
　　　　　　　　　　使われたときの温度

温度〔℃〕／時間〔s〕

グラフから，温度上昇は ⌐エ⌐ 〔K〕と読みとる。

解答 ア：にく　イ：質量　ウ：比熱　エ：$c-a$

必要があれば，次の値を使うこと。
原子量：H = 1.0，C = 12，N = 14，O = 16，Na = 23，Cl = 35.5
水のイオン積：$K_W = 1.0 \times 10^{-14} (mol/L)^2$

8 炭化水素の燃焼と二酸化炭素の発生量 計算

　次に示す 4 種類の気体ア〜エをそれぞれ完全燃焼させ，同じ熱量を発生させた。このとき，発生した二酸化炭素の物質量が多い順に気体を並べたものはどれか。最も適当なものを，後の①〜⑧のうちから一つ選べ。ただし，メタン，エタン，エチレン（エテン），プロパンの燃焼エンタルピーは，それぞれ −890 kJ/mol，−1560 kJ/mol，−1410 kJ/mol，2220 kJ/mol である。

ア　メタン　　イ　エタン　　ウ　エチレン（エテン）　　エ　プロパン

① ア＞イ＞ウ＞エ　　② ア＞イ＞エ＞ウ　　③ ア＞ウ＞イ＞エ
④ ア＞エ＞イ＞ウ　　⑤ ウ＞イ＞エ＞ア　　⑥ ウ＞エ＞イ＞ア
⑦ エ＞イ＞ウ＞ア　　⑧ エ＞ウ＞イ＞ア

〈2016 年 本試・改〉

9 混合気体の燃焼と熱量 計算

水素とアセチレンを混合した気体(物質量の合計が 1.0 mol)を完全燃焼させたところ，水(液体)と二酸化炭素が生成し，800 kJ の熱が生じた。この実験に関する次の問い(a・b)に答えよ。ただし，水素およびアセチレンの燃焼エンタルピーをそれぞれ −300 kJ/mol および −1300 kJ/mol とする。

a　燃焼前の混合気体中のアセチレンの物質量〔mol〕として最も適当な数値を，次の①〜⑤のうちから一つ選べ。

① 0.2　② 0.4　③ 0.5　④ 0.6　⑤ 0.8

b　生じた水の質量〔g〕として最も適当な数値を，次の①〜⑤のうちから一つ選べ。

① 9.0　② 18　③ 27　④ 36　⑤ 45　　　　　　〈2006 年 本試・改〉

10 炭化水素の燃焼と熱量 計算

分子式 C_3H_n で表される気体を十分な量の酸素と混合して完全燃焼させたところ，二酸化炭素 3.30 g と水(液体)が生成し，48.0 kJ の熱が発生した。次の問い(a・b)に答えよ。

a　この気体の燃焼エンタルピーは何 kJ/mol か。最も適当な数値を，次の①〜⑤のうちから一つ選べ。

① −640　② −960　③ −1280　④ −1920　⑤ −3840

b　この反応で生成した水の質量は 0.900 g であった。分子式中の n として最も適当な値を，次の①〜⑤のうちから一つ選べ。

① 4　② 5　③ 6　④ 7　⑤ 8　　　　　　〈2009 年 本試・改〉

11 中和反応と熱量 計算

濃度不明の塩酸 1.0 L を 0.030 mol/L の水酸化ナトリウム水溶液 1.0 L と混合したところ，0.56 kJ の発熱があった。この混合溶液の pH として最も適当な数値を，次の①〜⑧のうちから一つ選べ。ただし，中和エンタルピーは −56 kJ/mol とし，中和反応以外による発熱または吸熱は無視できるものとする。

① 1　② 2　③ 3　④ 5　⑤ 9　⑥ 11　⑦ 12　⑧ 13

〈2016 年 追試・改〉

12 固体の溶解と温度変化 グラフ

塩化アンモニウムの水への溶解は，次の化学反応式で表される。

$NH_4Cl(固) + aq \longrightarrow NH_4Claq$　$\Delta H = 15$ kJ

25℃ において，発泡ポリスチレン容器に水 94.6 g を入れ，塩化アンモニウム 5.4 g を加えた。その直後から，よくかき混ぜながら水溶液の温度を測定した。このときの温度の時間変化を表す曲線として最も適当なものを，右の図の①〜⑥のうちから一つ選べ。ただし，この水溶液 1 g の温度を 1℃ 上昇させるのに必要な熱量は 4.2 J とする。

〈2007 年 追試・改〉

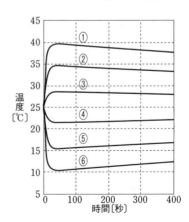

13 熱量の測定実験 計算

次の**実験**(A・B)に関する後の問い(a・b)に答えよ。

A 固体の水酸化ナトリウム 0.200 g を 0.1 mol/L の塩酸 100 mL に溶かしたところ，505 J の発熱があった。

B 固体の水酸化ナトリウム 0.200 g を水 100 mL に溶かしたところ，225 J の発熱があった。

a **実験** A で発生した熱が溶液の温度上昇のみに使われたとすると，溶液の温度は何℃上昇するか。最も適当な数値を，次の①〜⑤のうちから一つ選べ。ただし，実験の前後でこの溶液の体積は変化しないものとする。また，溶液 1 mL の温度を 1℃上昇させるのに必要な熱量は 4.18 J とする。

① 0.1 ② 0.8 ③ 1.2 ④ 8.3 ⑤ 12.1

b **実験**(A・B)の結果から求められる，次の化学反応の反応エンタルピー ΔH の値として最も適当な数値を，後の①〜⑥のうちから一つ選べ。

$$HClaq + NaOHaq \longrightarrow NaClaq + H_2O(液) \quad \Delta H (kJ)$$

① -146 ② -56 ③ -28 ④ 28 ⑤ 56 ⑥ 146

〈2009 年 本試・改〉

14 熱量と温度変化 計算

硝酸アンモニウム NH_4NO_3 の水への溶解の化学反応は，次式のように表される。

$$NH_4NO_3(固) + aq \longrightarrow NH_4NO_3aq \quad \Delta H = 26 \text{ kJ}$$

熱の出入りのない容器(断熱容器)に 25℃の水 V (mL)を入れ，同温度の NH_4NO_3 を m (g)溶解して均一な水溶液とした。このときの水溶液の温度(℃)を表す式として正しいものを，次の①〜⑥のうちから一つ選べ。ただし，水の密度を d (g/cm^3)，この水溶液の比熱を c (J/(g・K))，NH_4NO_3 のモル質量を M (g/mol)とする。また，熱量はすべて水溶液の温度変化に使われたものとする。

① $25 + \dfrac{2.6 \times 10^4 \, m}{c(Vd+m)M}$ ② $25 - \dfrac{2.6 \times 10^4 \, m}{c(Vd+m)M}$ ③ $25 + \dfrac{2.6 \times 10^4 \, m}{cVdM}$

④ $25 - \dfrac{2.6 \times 10^4 \, m}{cVdM}$ ⑤ $25 + \dfrac{2.6 \times 10^4 \, M}{c(Vd+m)m}$ ⑥ $25 - \dfrac{2.6 \times 10^4 \, M}{c(Vd+m)m}$

〈2019 年 本試・改〉

● **ダニエル電池** ⇒ 　ア　の違いで起こる酸化還元反応を利用

　　銅　板(　イ　極)：$Cu^{2+} + 2e^- \longrightarrow$ 　ウ

　　亜鉛板(　エ　極)：$Zn \longrightarrow$ 　オ　$+ 2e^-$

　ダニエル電池の特徴

①　ア　の差が　カ　いほど，電池の起電力が大きくなる

②硫酸亜鉛水溶液を　キ　く，硫酸銅(Ⅱ)水溶液を　ク　くすると，長持ちする

③硫酸イオン SO_4^{2-} は，　ケ　水溶液側から　コ　水溶液側に向かって移動する

● **鉛蓄電池** ⇒ 充電可能な　サ　電池

　　酸化鉛(Ⅳ)板(　シ　極)：$PbO_2 + $ 　ス　$ + 4H^+ + 2e^- \longrightarrow$ 　セ　$+ 2H_2O$

　　鉛　　板(　ソ　極)：$Pb + $ 　ス　$\longrightarrow$ 　セ　$+ 2e^-$

(正極)＋(負極) より，$Pb + PbO_2 + 2$　タ　$\longrightarrow 2$　セ　$+ 2H_2O$

※放電すると，電解液である希硫酸の密度(濃度)が　チ　くなる。

● **燃料電池** ⇒ **水素の燃焼反応**を利用した電池

　タイプ1 リン酸型水素－酸素燃料電池(電解液：H_3PO_4 水溶液)

　　酸素極(　ツ　極)：$O_2 + 4$　テ　$+ 4e^- \longrightarrow 2H_2O$

　　水素極(　ト　極)：$H_2 \longrightarrow 2$　テ　$+ 2e^-$

　タイプ2 アルカリ型水素－酸素燃料電池(電解液：KOH 水溶液)

　　酸素極(　ツ　極)：$O_2 + 2H_2O + 4e^- \longrightarrow 4$　ナ

　　水素極(　ト　極)：$H_2 + 2$　ナ　$\longrightarrow 2H_2O + 2e^-$

　タイプ1，**タイプ2** とも，(正極)＋(負極)×2 より，$2H_2 + O_2 \longrightarrow 2$　ニ

● **電池・電気分解の計算**

　①電気量〔C〕＝　ヌ　〔A〕×時間〔　ネ　〕

　②ファラデー定数：　ノ　1 mol あたりの電気量＝$9.65×10^4$ C/mol

※電流の単位〔A〕＝〔C/s〕と考えて単位計算するとよい。

解答 ア：イオン化傾向　イ：正　ウ：Cu　エ：負　オ：Zn^{2+}　カ：大き
キ：薄　ク：濃　ケ：硫酸銅(Ⅱ)　コ：硫酸亜鉛　サ：二次　シ：正　ス：SO_4^{2-}
セ：$PbSO_4$　ソ：負　タ：H_2SO_4　チ：小さ　ツ：正　テ：H^+　ト：負
ナ：OH^-　ニ：H_2O　ヌ：電流　ネ：秒(s)　ノ：電子

必要があれば，次の値を使うこと。
原子量：O＝16，S＝32，Pb＝207

15 ダニエル電池 [正誤]

銅板と亜鉛板を電極として右の図のようなダニエル電池
をつくり，電極間に電球をつないで放電させた。この実験
に関する記述として**誤りを含むもの**を，次の①〜⑤のうち
から一つ選べ。

① 放電を続けると，銅板側の水溶液の色がうすくなった。

② 銅板上には水素の泡が発生した。

③ 素焼き板のかわりに白金板を用いると，電球は点灯し
なかった。

④ 硫酸銅(Ⅱ)水溶液の濃度を高くすると，電球はより長
い時間点灯した。

⑤ 亜鉛板と硫酸亜鉛水溶液のかわりにマグネシウム板と硫酸マグネシウム水溶液を用
いても，電球は点灯した。

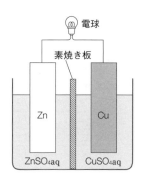

〈2009年 追試〉

16 金属のイオン化傾向と電池 [知識]

右の図に示すように，シャーレに食塩水で湿らせ
たろ紙を敷き，この上に表面を磨いた金属板 A〜C
を並べた。次に，検流計(電流計)の黒端子と白端子
をそれぞれ異なる金属板に接触させ，検流計を流れ
た電流の向きを記録すると，次の表のようになった。
金属板 A〜C の組合せとして最も適当なものを，後
の①〜⑥のうちから一つ選べ。

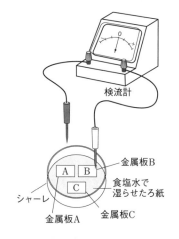

黒端子側の 金属板	白端子側の 金属板	検流計を流れた 電流の向き
A	B	B から A
B	C	B から C
A	C	A から C

	金属板 A	金属板 B	金属板 C
①	銅	亜鉛	マグネシウム
②	銅	マグネシウム	亜鉛
③	マグネシウム	亜鉛	銅
④	マグネシウム	銅	亜鉛
⑤	亜鉛	マグネシウム	銅
⑥	亜鉛	銅	マグネシウム

〈2017年 本試〉

17 鉛蓄電池 計算

　図1は鉛蓄電池の模式図である。この鉛蓄電池に関する次の問い(a・b)に答えよ。

a　次の記述中の ア ・ イ に当てはまる語句の組合せとして最も適当なものを，後の①～⑥のうちから一つ選べ。

　　電極Aと電極Bの間に豆電球をつないで放電させると，PbO_2 は ア される。このとき硫酸の濃度は イ 。

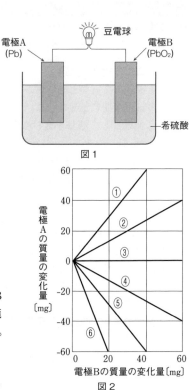

図1

	ア	イ
①	酸化	増加する
②	酸化	変化しない
③	酸化	減少する
④	還元	増加する
⑤	還元	変化しない
⑥	還元	減少する

b　鉛蓄電池を放電したとき，電極A，電極Bの質量の変化量の関係を表す直線として最も適当なものを，図2の①～⑥のうちから一つ選べ。

〈2007年 本試〉

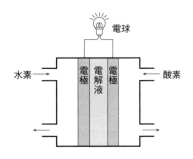

図2

18 燃料電池 正誤

　右の図は燃料電池の模式図である。この電池に関する記述として**誤りを含むもの**を，次の①～④のうちから一つ選べ。

① 水素と酸素の化学反応に伴って生じるエネルギーを，電気エネルギーとして取り出している。

② 電子が外部に流れ出る電極を負極，外部から流れ込む電極を正極とよぶ。

③ 水素が負極，酸素が正極で反応している。

④ 反応に使われる水素と酸素の標準状態における体積は等しい。

〈2007年 追試〉

4　電気分解

●**電気分解**…電気エネルギーを利用し，酸化還元反応を起こす操作

> 陽極…電源の $\boxed{ア}$ 極と接続された電極　⇒　$\boxed{イ}$ 反応が起こる
> 陰極…電源の $\boxed{ウ}$ 極と接続された電極　⇒　$\boxed{エ}$ 反応が起こる

●**電気分解の反応式のつくり方**

Step 1　電極をチェックする

⇒　陽極板が **Ag**，**Cu**（以上のイオン化傾向の金属）のときは，陽極板が $\boxed{オ}$ する

Step 2　それぞれの電極に集まるイオンを考える

⇒　陽極には**陰イオン**，陰極には**陽イオン**が集まる（⊕と⊖が引き合う）

Step 3　イオン化傾向の $\boxed{カ}$ いほうが単体に変化する

☆陰イオンのイオン化傾向： SO_4^{2-}，$NO_3^- > \boxed{キ} > Cl^-$

Step 4　反応物と生成物を考え反応式を立てる

☆水の H^+，OH^- が反応するときの反応式は，実際には水はほとんど電離しておらず，H^+ や OH^- ではなく H_2O が直接反応するため，$\boxed{ク}$ から立式する

例　塩化ナトリウム水溶液の電気分解（炭素電極）

$$OH^- > Cl^- \ \oplus \begin{cases} 2Cl^- \longrightarrow \boxed{ケ} + 2e^- \\ \end{cases}$$
$$H^+ < Na^+ \ominus \begin{cases} \\ 2H_2O + 2e^- \longrightarrow \boxed{コ} + 2\boxed{サ} \end{cases}$$

☆陰極では，水の H^+ が反応するため，H_2O から立式する

例　硫酸銅（Ⅱ）水溶液（白金電極）

$$OH^- < SO_4^{2-} \oplus \begin{cases} 2H_2O \longrightarrow \boxed{シ} + 4\boxed{ス} + 4e^- \\ \end{cases}$$
$$H^+ > Cu^{2+} \ominus \begin{cases} \\ Cu^{2+} + 2e^- \longrightarrow \boxed{セ} \end{cases}$$

☆陽極では，水の OH^- が反応するため，H_2O から立式する

例　塩酸（炭素電極）

$$OH^- > Cl^- \oplus \begin{cases} 2Cl^- \longrightarrow \boxed{ケ} + 2e^- \\ \end{cases}$$
$$H^+ = H^+ \ominus \begin{cases} \\ 2H^+ + 2e^- \longrightarrow \boxed{コ} \end{cases}$$

☆塩酸は，**酸性**で H^+ が存在するので，H^+ から立式する

例　水酸化ナトリウム水溶液（白金電極）

$$OH^- = OH^- \oplus \begin{cases} 4OH^- \longrightarrow \boxed{シ} + 2\boxed{ソ} + 4e^- \\ \end{cases}$$
$$H^+ < Na^+ \ominus \begin{cases} \\ 2H_2O + 2e^- \longrightarrow \boxed{コ} + 2\boxed{サ} \end{cases}$$

☆ NaOH 水溶液は，**塩基性**で OH^- が存在するので，OH^- から立式する

例　硝酸銀水溶液（銀電極）

$$OH^- < NO_3^- \oplus \begin{cases} Ag \longrightarrow \boxed{タ} + e^- \quad （陽極板の銀 Ag が溶解）\\ \end{cases}$$
$$H^+ > Ag^+ \ominus \begin{cases} \\ Ag^+ + e^- \longrightarrow \boxed{チ} \end{cases}$$

> **解答**　ア：正　イ：酸化　ウ：負　エ：還元　オ：溶解　カ：小さ　キ：OH^-
> ク：H_2O　ケ：Cl_2　コ：H_2　サ：OH^-　シ：O_2　ス：H^+　セ：Cu　ソ：H_2O
> タ：Ag^+　チ：Ag

必要があれば，次の値を使うこと。

原子量：Cu = 64　　ファラデー定数：$F = 9.65 \times 10^4$ C/mol

19 電気分解の種類 グラフ

　ある電解質Aの水溶液を，白金電極を用いて電気分解したところ，通じた電気量と両極で生じた物質の物質量との関係が右の図のようになった。電解質Aとして最も適当なものを，次の①～⑤のうちから一つ選べ。

① NaOH　　② Na$_2$SO$_4$
③ KCl　　　④ CuCl$_2$
⑤ AgNO$_3$　　　　　〈2016年 追試〉

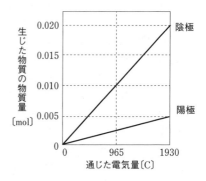

★ **20 燃料電池を用いた電気分解** グラフ

　次の図に示すように，水素を燃料とする燃料電池と質量100 gの銅板2枚を電極とする電気分解装置を接続して，0.5 mol/L 硫酸銅（Ⅱ）水溶液 1.0 L の電気分解を行った。この燃料電池の負極では，水素が水素イオン H$^+$ となって電子を放出している。

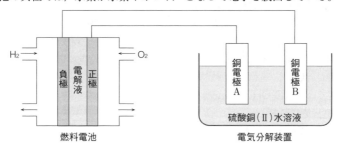

　この実験において，燃料電池で消費した水素の標準状態における体積〔L〕と銅電極Aの質量〔g〕の関係を示すグラフとして最も適当なものを，次ページの①～⑥のうちから一つ選べ。ただし，消費した水素が放出した電子は，すべて電気分解に使われるものとする。

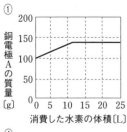

① 200
銅電極Aの質量〔g〕

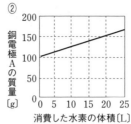

③

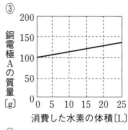

⑤

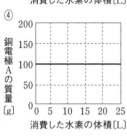

②

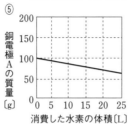

④

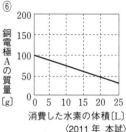

⑥

〈2011 年 本試〉

21 陽イオン交換膜法 知識

　右の図のように，陽イオン交換膜で仕切られた電気分解実験装置に塩化ナトリウム水溶液を入れ，電気分解を行った。陽極と陰極で発生する気体と，陽イオン交換膜を通過するイオンの組合せとして正しいものを，次の①〜⑥のうちから一つ選べ。

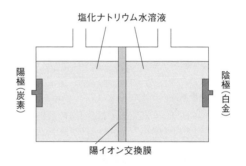

塩化ナトリウム水溶液

陽極（炭素）　　陰極（白金）

陽イオン交換膜

	陽極で発生する気体	陰極で発生する気体	陽イオン交換膜を通過するイオン
①	水　素	塩　素	ナトリウムイオン
②	水　素	塩　素	塩化物イオン
③	水　素	塩　素	水酸化物イオン
④	塩　素	水　素	ナトリウムイオン
⑤	塩　素	水　素	塩化物イオン
⑥	塩　素	水　素	水酸化物イオン

〈2017 年 本試〉

5 | 反応速度

●化学反応のエネルギー

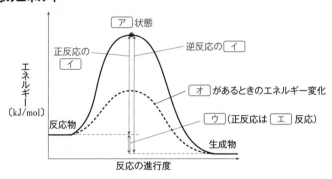

●反応速度の定義

・反応速度…単位時間あたりの物質の変化量

$$反応速度 = \frac{\boxed{カ}\text{の変化量}}{\boxed{キ}\text{の変化量}}$$

例 $A \longrightarrow B$ の反応で，時間 t_1, t_2 における A の濃度を $[A]_1$, $[A]_2$ とする

反応速度 $v = -\dfrac{\varDelta [A]}{\varDelta t} = -\dfrac{\boxed{ク}}{\boxed{ケ}}$

●反応速度式

$aA + bB \longrightarrow cC (a \sim c$ は係数)の反応

$v = k[A]^x[B]^y$　　　$k : \boxed{コ}$ ⇒ 高温ほど $\boxed{サ}$ い（※ x, y は実験で求められる）

●反応速度を大きくする要因

要因	理由
$\boxed{シ}$ を大きくする	分子どうしの $\boxed{ス}$ が増加する
$\boxed{セ}$ を高くする	$\boxed{ソ}$ を超える運動エネルギーをもつ分子の割合が増加する
$\boxed{タ}$ を加える	$\boxed{ソ}$ を小さくする

解答 ア：遷移(活性化)　イ：活性化エネルギー　ウ：反応エンタルピー　エ：発熱
オ：触媒　カ：濃度　キ：時間　ク：$[A]_2 - [A]_1$　ケ：$t_2 - t_1$　コ：(反応)速度定数
サ：大き　シ：濃度　ス：衝突回数　セ：温度　ソ：活性化エネルギー　タ：触媒

22 反応速度 **正誤**

次の記述①～⑤のうちから，**誤りを含むもの**を一つ選べ。

① 可逆反応において，温度を上げると，正反応も逆反応も速くなる。

② 温度を 10℃ 上げると速さが 2 倍になる反応では，温度を 20℃ 下げると，速さは $\frac{1}{8}$ になる。

③ 反応物の濃度が高くなれば，分子どうしの衝突回数が増加し，反応の速さは増大する。

④ 活性化エネルギーが小さくなれば，遷移(活性化)状態をこえる分子の数が増加するので，反応の速さは増大する。

⑤ 可逆反応における見かけの反応の速さは，時間の経過とともに減少し，反応は平衡に達する。

〈1995 年 本試〉

23 触媒量と気体の発生量 **グラフ**

過酸化水素水に少量の酸化マンガン(Ⅳ)(二酸化マンガン)を加え，常温・常圧で，酸素を発生させる実験を行った。発生した酸素の体積 V を反応が終了するまで測定し，V と時間 t の関係をグラフにすると，右の図のようになった。酸化マンガン(Ⅳ)の量を 2 倍にして同様の実験を行い，体積 V と時間 t の関係を図と同じ目盛りのグラフで示すと，どうなるか。次の①～⑤のうちから，最も適当なものを一つ選べ。

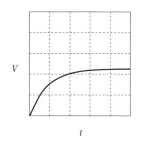

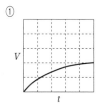
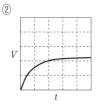
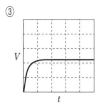

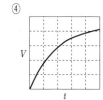
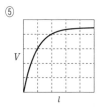

〈1996 年 本試〉

24 エステルの加水分解と反応速度 正誤

酸性の水溶液中で，酢酸エチルの加水分解を行う。この反応は可逆反応であって，次の式で表される。

$$CH_3COOC_2H_5 + H_2O \underset{逆反応}{\overset{正反応}{\rightleftarrows}} CH_3COOH + C_2H_5OH$$

酢酸エチルの加水分解反応に関する次の記述①～⑤のうちから，正しいものを一つ選べ。

① 酢酸エチルの濃度を高くしても，正反応の速さは変わらない。
② 溶液の温度を上げると，正反応の速さは大きくなるが，逆反応の速さは小さくなる。
③ 酢酸エチルの濃度が減少する速さと，エタノールの濃度が増加する速さは異なる。
④ 反応が平衡に達すると，正反応と逆反応の速さは等しくなる。
⑤ 逆反応の速さは，溶液にエタノールを加えても変わらない。　　　　　　〈1991 年 本試〉

★ 25 反応速度の計算 計算

ある濃度の過酸化水素水 100 mL に，触媒としてある濃度の塩化鉄(Ⅲ)水溶液を加え 200 mL とした。発生した酸素の物質量を，時間を追って測定したところ，反応初期と反応全体では，それぞれ，図1と図2のようになり，過酸化水素は完全に分解した。この結果に関する後の問い(a・b)に答えよ。ただし，混合水溶液の温度と体積は一定に保たれており，発生した酸素は水に溶けないものとする。

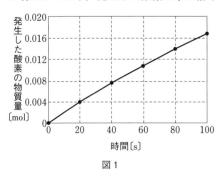

図 1

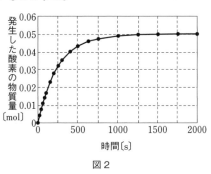

図 2

a 混合する前の過酸化水素水の濃度は何 mol/L か。最も適当な数値を，次の①～⑥のうちから一つ選べ。

①　0.050　　②　0.10　　③　0.20　　④　0.50　　⑤　1.0　　⑥　2.0

b 反応の最初の 20 秒間において，混合水溶液中の過酸化水素の平均の分解速度は何 mol/(L・s)か。最も適当な数値を，次の①～⑥のうちから一つ選べ。

①　4.0×10^{-4}　　②　1.0×10^{-3}　　③　2.0×10^{-3}
④　4.0×10^{-3}　　⑤　1.0×10^{-2}　　⑥　2.0×10^{-2}　　　　〈2017 年 本試〉

6 | 化学平衡

●**平衡状態**…正反応と逆反応の ア が等しくなり，反応が止まって見える状態
 ・化学平衡の法則（質量作用の法則）…平衡状態では，平衡定数 K の値は一定となる

 例 $aA + bB \rightleftarrows cC + dD$

 平衡定数 $K = \dfrac{\boxed{\text{イ}}}{\boxed{\text{ウ}}} = \textbf{一定}$ [ ]はモル濃度〔mol/L〕を表す

 ※ K は エ によってのみ変化する定数である。

●**平衡の移動**
 ・ オ の原理（平衡移動の原理）…ある平衡状態の条件を変えると，その**影響を** カ **する方向に平衡が移動する**

解答 ア：反応速度　イ：$[C]^c[D]^d$　ウ：$[A]^a[B]^b$　エ：温度
オ：ルシャトリエ　カ：緩和

Step 2 演習問題 〜問題をこなし得点力をつけよう〜　　解答◯別冊 37 頁

26 平衡状態の計算 計算

1.0 mol の気体 A のみが入った密閉容器に 1.0 mol の気体 B を加えたところ，気体 C および D が生成して，次式の平衡が成立した。

　　$A + B \rightleftarrows C + D$

このときの C の物質量〔mol〕として最も適当な数値を，次の①〜⑤のうちから一つ選べ。ただし，容器内の温度と体積は一定とし，この温度における反応の平衡定数は 0.25 とする。

① 0.25　② 0.33　③ 0.50　④ 0.67　⑤ 0.75　　　　〈2016 年 追試〉

27 平衡の移動の実験 正誤

無色の気体である四酸化二窒素 N_2O_4 は常温・常圧で熱を吸収し，一部解離して，褐色の二酸化窒素 NO_2 を生じる。この N_2O_4 と NO_2 の混合気体が，先を閉じた注射器の中で平衡状態になっている。この混合気体の温度を変えたり，注射器のピストンを動かして圧力を変えたりして，気体の色の変化を観察した。次の記述①〜⑤のうちから，正しいものを一つ選べ。

① 体積一定の下で温度を高くすると，褐色が薄くなる。
② 体積一定の下では，温度を変えても色の変化はない。
③ 常温で圧力を急に減らすと，はじめ褐色が薄くなるが，やがて褐色が濃くなる。
④ 常温で圧力を急に加えると，はじめ褐色が濃くなり，やがて褐色がさらに濃くなる。
⑤ 常温で圧力を変えても，色の変化はない。　　　　〈1994 年 本試〉

28 平衡の移動と反応速度 正誤

アンモニアは窒素と水素から，次の反応により合成される。

$$N_2 + 3H_2 \rightleftharpoons 2NH_3 \quad \cdots (1)$$

鉄触媒の作用により，窒素 1 mol と水素 3 mol の混合気体を圧力一定に保って反応させると，時間とともにアンモニアの生成量が増加し，平衡状態に達する。このアンモニアの生成量の時

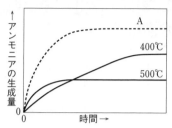

間変化を右の図で示す。この図を参考にして，次の記述①〜④のうちから正しいものを一つ選べ。

① アンモニアの生成反応は吸熱反応である。

② 反応式(1)の500℃における平衡定数は，400℃の値よりも小さい。

③ アンモニアが生成する速さは，400℃でも 500℃でも，時間とともに大きくなる。

④ 触媒の種類を変えて反応の速さを大きくした場合，400℃でのアンモニアの生成量は，図の破線 A で示される。 〈1993 年 追試〉

29 化学平衡の総合問題 計算 正誤

次の文章を読み，後の問い(a・b)に答えよ。

窒素と水素からアンモニアをつくる反応は，次の化学反応式で表され，鉄を主成分とする触媒の存在下で進行することが知られている。

$$N_2(気) + 3H_2(気) \longrightarrow 2NH_3(気) \quad \Delta H = -92 \text{ kJ}$$

a ある容器に少量の触媒と，a〔mol〕の窒素および $3a$〔mol〕の水素を入れて，体積および温度一定の下で反応させた。このとき，$2b$〔mol〕のアンモニアが生成したとすると，反応後の混合気体の圧力は反応前の圧力と比べて何倍になるか。最も適当なものを，次の①〜⑤のうちから一つ選べ。

① 1 ② $\dfrac{b}{2a}$ ③ $1 - \dfrac{b}{2a}$ ④ $1 - \dfrac{b}{8a}$ ⑤ $1 + \dfrac{b}{2a}$

b 触媒を用いたこの反応の速度と平衡に関する次の記述①〜⑤のうちから，正しいものを一つ選べ。

① 水素と窒素からアンモニアを合成するとき，温度が高いほど平衡に達するまでの時間が長くなる。

② この反応が平衡に達したのち，圧力を一定に保ちながら温度をゆっくり上げていくと，アンモニアの分圧は増加する。

③ この反応が平衡に達したのち，温度を一定に保ちながら，容器の体積をゆっくり減少させて半分にすると，混合気体の圧力は 2 倍になる。

④ この反応が平衡に達したのち，さらに触媒の量を増しても，アンモニアの生成量は変わらない。

⑤ この反応が平衡に達したのち，混合気体からアンモニアを取り除いても，残った混合気体からはアンモニアは生成しない。 〈1992 年 本試・改〉

★ 30 反応エンタルピーと平衡状態 グラフ

気体 X，Y，Z の平衡反応は次の化学反応式で表される。

$$aX \longrightarrow bY + bZ \quad \Delta H[\text{kJ}]$$

密閉容器に X のみを 1.0 mol 入れて温度を一定に保ったときの物質量の変化を調べた。気体の温度を T_1 と T_2 に保った場合の X と Y（または Z）の物質量の変化を，右の図の**結果 I** と**結果 II** にそれぞれ示す。ここで $T_1 < T_2$ である。化学反応式中の係数 a と b の比（$a : b$）および ΔH の正負の組合せとして最も適当なものを，次の①〜⑧のうちから一つ選べ。

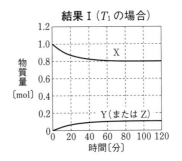

結果 I（T_1 の場合）

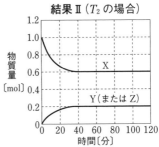

結果 II（T_2 の場合）

	$a : b$	ΔH の正負
①	1 : 1	正
②	1 : 1	負
③	2 : 1	正
④	2 : 1	負
⑤	1 : 2	正
⑥	1 : 2	負
⑦	3 : 1	正
⑧	3 : 1	負

〈2016 年 本試・改〉

31 速度定数と平衡定数 計算

溶液中での，次の式で表される可逆反応

$$A \rightleftharpoons B + C$$

において，正反応の反応速度 v_1 と逆反応の反応速度 v_2 は，$v_1 = k_1[\text{A}]$，$v_2 = k_2[\text{B}][\text{C}]$ であった。ここで，k_1，k_2 はそれぞれ正反応，逆反応の反応速度定数であり，[A]，[B]，[C] はそれぞれ A，B，C のモル濃度である。反応開始時において，[A] = 1 mol/L，[B] = [C] = 0 mol/L であり，反応中に温度が変わることはないとする。$k_1 = 1 \times 10^{-6}/\text{s}$，$k_2 = 6 \times 10^{-6}\,\text{L}/(\text{mol·s})$ であるとき，平衡状態での [B] は何 mol/L か。最も適当な数値を次の①〜④のうちから一つ選べ。

① $\dfrac{1}{3}$ ② $\dfrac{1}{\sqrt{6}}$ ③ $\dfrac{1}{2}$ ④ $\dfrac{2}{3}$

〈2022 年 本試〉

● **電離平衡**…弱電解質の一部が電離し平衡状態になること

・**電離定数**…電離平衡における平衡定数

例　酢酸の電離 $CH_3COOH \rightleftarrows CH_3COO^- + H^+$ の電離定数 K_a

$$K_a = \frac{\boxed{ア}}{\boxed{イ}} = (一定)$$

● **緩衝液**…少量の酸や塩基を加えても pH があまり変化しない**溶液**

・組成：$\boxed{ウ}$（または弱塩基）とその塩の混合溶液

※ CH_3COOH と CH_3COONa の混合溶液では，酸や塩基を加えると，

$$CH_3COOH \rightleftarrows CH_3COO^- + H^+$$

の平衡が移動するため，水素イオン濃度があまり変化しない　⇒　$\boxed{エ}$作用

● **緩衝液の濃度計算**

⇒　電離定数 K_a の式を変形し，酢酸と酢酸ナトリウムの濃度を代入する

$$K_a = \frac{[CH_3COO^-][H^+]}{[CH_3COOH]} \quad \Rightarrow \quad [H^+] = \frac{[CH_3COOH]}{[CH_3COO^-]} K_a$$

CH_3COOH を $c_a \, [mol/L]$，CH_3COONa を $c_s \, [mol/L]$ とすると，

$$[H^+] = \frac{\boxed{オ}}{\boxed{カ}} \times K_a$$ ※緩衝液では，**弱酸の電離を無視**して考えることができる。

● **溶解平衡と溶解度積**

・**溶解平衡**…飽和溶液において，沈殿の $\boxed{キ}$ と析出の速度が等しくなる状態

・**溶解度積**…溶解平衡における平衡定数

A_mB_n(固) $\rightleftarrows$ mA^{n+}aq + nB^{m-}aq　において，**溶解度積 $K_{sp} = \boxed{ク}$** となる

⇒　沈殿が存在するとき，溶液中のイオンについて**溶解度積の関係が成立する**

・$\boxed{ケ}$効果…ある電解質の水溶液に共通のイオンを加えると，元の物質の**溶解度が減少**

解答 ア：$[CH_3COO^-][H^+]$　イ：$[CH_3COOH]$　ウ：弱酸　エ：緩衝　オ：c_a
カ：c_s　キ：溶解　ク：$[A^{n+}]^m[B^{m-}]^n$　ケ：共通イオン

32 弱酸の濃度と電離度 計算

　酢酸水溶液中の酢酸の濃度と pH の関係を
調べたところ，右の図のようになった。
0.038 mol/L の水溶液中の酢酸の電離度とし
て最も適当な数値を，次の①〜⑥のうちから
一つ選べ。

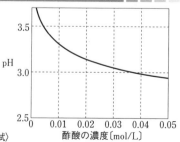

① 0.0010　　② 0.0026　　③ 0.0038

④ 0.010　　⑤ 0.026　　⑥ 0.038　〈2015年 追試〉

★ **33** 電離平衡の計算 **計算**

0.016 mol/L の酢酸水溶液 50 mL と 0.020 mol/L の塩酸 50 mL を混合した溶液中の，酢酸イオンのモル濃度は何 mol/L か。最も適当な数値を，次の①〜⑥のうちから一つ選べ。ただし，酢酸の電離度は 1 より十分小さく，電離定数は 2.5×10^{-5} mol/L とする。

① 1.0×10^{-5}　② 2.0×10^{-5}　③ 5.0×10^{-5}

④ 1.0×10^{-4}　⑤ 2.0×10^{-4}　⑥ 5.0×10^{-4}

〈2016 年 本試〉

34 塩の加水分解 **正誤**

0.1 mol/L の酢酸水溶液 100 mL と，0.1 mol/L の酢酸ナトリウム水溶液 100 mL を混合した。この混合水溶液に関する次の記述（a〜c）について，正誤の組合せとして正しいものを，右の①〜⑧のうちから一つ選べ。

a 混合水溶液中では，酢酸ナトリウムはほぼすべて電離している。

b 混合水溶液中では，酢酸分子と酢酸イオンの物質量はほぼ等しい。

c 混合水溶液に少量の希塩酸を加えても，水素イオンと酢酸イオンが反応して酢酸分子となるので，pH はほとんど変化しない。

	a	b	c
①	正	正	正
②	正	正	誤
③	正	誤	正
④	正	誤	誤
⑤	誤	正	正
⑥	誤	正	誤
⑦	誤	誤	正
⑧	誤	誤	誤

〈2017 年 本試〉

35 溶解度積 **計算**

右の表に示す濃度の硝酸銀水溶液 100 mL と塩化ナトリウム水溶液 100 mL を混合する**実験Ⅰ〜Ⅲ**を行った。**実験Ⅰ〜Ⅲ**での沈殿生成の有無の組

	硝酸銀水溶液の濃度〔mol/L〕	塩化ナトリウム水溶液の濃度〔mol/L〕
実験Ⅰ	2.0×10^{-3}	2.0×10^{-3}
実験Ⅱ	2.0×10^{-5}	2.0×10^{-5}
実験Ⅲ	2.0×10^{-5}	1.0×10^{-5}

合せとして最も適当なものを，次の①〜⑧のうちから一つ選べ。ただし，塩化銀の溶解度積を，1.8×10^{-10} $(mol/L)^2$ とする。

	実験Ⅰ での沈殿生成の有無	実験Ⅱ での沈殿生成の有無	実験Ⅲ での沈殿生成の有無
①	有	有	有
②	有	有	無
③	有	無	有
④	有	無	無
⑤	無	有	有
⑥	無	有	無
⑦	無	無	有
⑧	無	無	無

〈2015 年 本試〉

第3章 物質の変化

★ 36 溶解度積とグラフ グラフ

水溶液中での塩化銀の溶解度積(25℃)を K_{sp} とするとき，$[Ag^+]$ と $\dfrac{K_{sp}}{[Ag^+]}$ との関係は次の図1の曲線で表される。硝酸銀水溶液と塩化ナトリウム水溶液を，表1に示すア〜オのモル濃度の組合せで同体積ずつ混合した。25℃で十分な時間をおいたとき，塩化銀の沈殿が生成するのはどれか。すべてを正しく選択しているものを，後の①〜⑤のうちから一つ選べ。

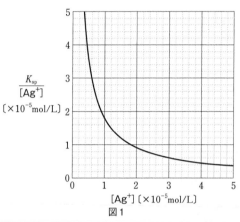

図1

	硝酸銀水溶液のモル濃度〔$\times 10^{-5}$ mol/L〕	塩化ナトリウム水溶液のモル濃度〔$\times 10^{-5}$ mol/L〕
ア	1.0	1.0
イ	2.0	2.0
ウ	3.0	3.0
エ	4.0	2.0
オ	5.0	1.0

表1

① ア　② ウ，エ　③ ア，イ，オ
④ イ，ウ，エ，オ　⑤ ア，イ，ウ，エ，オ

〈2019 年 本試〉

応用問題　物質の変化 ～思考力を養おう～　解答 ➔ 別冊 42 頁

必要があれば，次の値を使うこと。原子量：H＝1.0，C＝12

気体は，実在気体とことわりがない限り，理想気体として扱うものとする。

★ 37 ボンベの成分分析と燃焼エンタルピー

次の文章を読み，問 1，2 に答えよ。

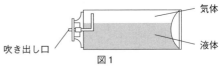

カセットコンロ用のガスボンベ(カセットボンベ)は，図 1 のような構造をしており，アルカン X が燃料として加圧，封入されている。気体になった燃料は L 字に曲げられた管を通して，吹き出し口から噴出するようになっている。

図 1

表 1 に，5 種類のアルカン(ア～オ)の分子量と性質を示す。ただし，燃焼エンタルピーは生成する H_2O が液体である場合の数値である。

アルカン	分子量	1.013×10^5 Pa における沸点〔℃〕	燃焼エンタルピー〔kJ/mol〕	20℃における蒸気圧〔Pa〕
ア	16	−161	−891	2.4×10^7
イ	30	−89	−1561	3.5×10^6
ウ	44	−42	−2219	8.3×10^5
エ	58	−0.5	−2878	2.1×10^5
オ	72	36	−3536	5.7×10^4

表 1　アルカンの分子量と性質

問 1　カセットボンベの燃料としては，次の条件(a・b)を満たすことが望ましい。

a　20℃，1.013×10^5 Pa 付近において気体であり，加圧により液体になりやすい。

b　容器の変形や破裂を防ぐため，蒸気圧が低い。

ア～オのうち，常温・常圧でカセットボンベを使用するとき，燃料として最も適当なアルカン X はどれか。次の①～⑤のうちから一つ選べ。

①　ア　　②　イ　　③　ウ　　④　エ　　⑤　オ

問 2　前問で選んだアルカン X の生成エンタルピーは何 kJ/mol になるか。次の化学反応式を用いて求めよ。

$$\mathrm{C(黒鉛)} + \mathrm{O_2(気)} \longrightarrow \mathrm{CO_2(気)} \quad \Delta H_1 = -394\ \mathrm{kJ}$$

$$\mathrm{H_2(気)} + \frac{1}{2}\mathrm{O_2(気)} \longrightarrow \mathrm{H_2O(液)} \quad \Delta H_2 = -286\ \mathrm{kJ}$$

X の生成エンタルピーの値を有効数字 2 桁で次の形式で表すとき，[1]～[3] に当てはまる数字を，後の①～⓪のうちから一つずつ選べ。ただし，同じものを繰り返し選んでもよい。

$-\boxed{1}.\boxed{2} \times 10^{\boxed{3}}$ kJ/mol

①　1　　②　2　　③　3　　④　4　　⑤　5

⑥　6　　⑦　7　　⑧　8　　⑨　9　　⓪　0　　〈大学入学共通テスト試行調査・改〉

第3章 物質の変化

38 反応速度

過酸化水素 H_2O_2 の水 H_2O と酸素 O_2 への分解反応に関する次の文章を読み，後の問い($a \sim c$)に答えよ。

H_2O_2 の分解反応は次の式(1)で表され，水溶液中での分解反応速度は H_2O_2 の濃度に比例する。H_2O_2 の分解反応は非常に遅いが，酸化マンガン(IV)MnO_2 を加えると反応が促進される。

$$2H_2O_2 \longrightarrow 2H_2 + O_2 \quad \cdots(1)$$

試験管に少量の MnO_2 の粉末とモル濃度 $0.400\ \mathrm{mol/L}$ の過酸化水素水 $10.0\ \mathrm{mL}$ を入れ，一定温度 $20℃$ で反応させた。反応開始から1分ごとに，それまでに発生した O_2 の体積を測定し，その物質量を計算した。10分までの結果を表1と図1に示す。ただし，反応による水溶液の体積変化と，発生した O_2 の水溶液への溶解は無視できるものとする。

反応開始からの 時間〔min〕	発生した O_2 の 物質量〔$\times 10^{-3}$ mol〕
0	0
1.0	0.417
2.0	0.747
3.0	1.01
4.0	1.22
5.0	1.38
6.0	1.51
7.0	1.61
8.0	1.69
9.0	1.76
10.0	1.81

表1 反応温度 $20℃$ で各時間までに発生した O_2
の物質量

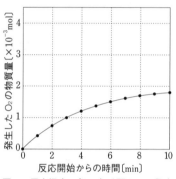

図1 反応温度 $20℃$ で各時間までに発生
した O_2 の物質量

a H_2O_2 の水溶液中での分解反応に関する記述として**誤りを含むもの**はどれか。最も適当なものを次の①〜④のうちから一つ選べ。

① 少量の塩化鉄(III)$FeCl_3$ 水溶液を加えると，反応速度が大きくなる。

② 肝臓などに含まれるカタラーゼを適切な条件で加えると，反応速度が大きくなる。

③ MnO_2 の有無にかかわらず，温度を上げると反応速度が大きくなる。

④ MnO_2 を加えた場合，反応の前後でマンガン原子の酸化数が変化する。

b 反応開始後 1.0 分から 2.0 分までの間における H_2O_2 の分解反応の平均反応速度は何 $\mathrm{mol/(L \cdot min)}$ か。最も適当な数値を，次の①〜⑧のうちから一つ選べ。

① 3.3×10^{-4} ② 6.6×10^{-4} ③ 8.3×10^{-4} ④ 1.5×10^{-3}

⑤ 3.3×10^{-2} ⑥ 6.6×10^{-2} ⑦ 8.3×10^{-2} ⑧ 0.15

c 図1の結果を得た実験と同じ濃度と体積の過酸化水素水を，別の反応条件で反応させると，反応速度定数が2.0倍になることがわかった。このとき発生したO_2の物質量の時間変化として最も適当なものを，次の①〜⑥のうちから一つ選べ。

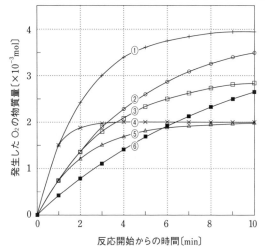

〈2023 年 本試〉

次の文章を読み，問 1 ～ 4 に答えよ。

私たちが暮らす地球の大気には二酸化炭素 CO_2 が含まれている。(a) $\underline{CO_2}$ が水に溶けると，その一部が炭酸 H_2CO_3 になる。

$$CO_2 + H_2O \rightleftharpoons H_2CO_3$$

このとき，H_2CO_3，炭酸水素イオン HCO_3^-，炭酸イオン CO_3^{2-} の間に式(1)，(2)のような電離平衡が成り立っている。ここで，式(1)，(2)における電離定数をそれぞれ K_1，K_2 とする。

$$H_2CO_3 \rightleftharpoons H^+ + HCO_3^- \quad \cdots(1)$$
$$HCO_3^- \rightleftharpoons H^+ + CO_3^{2-} \quad \cdots(2)$$

式(1)，(2)が H^+ を含むことから，水中の H_2CO_3，HCO_3^-，CO_3^{2-} の割合は pH に依存し，pH を変化させると図1のようになる。

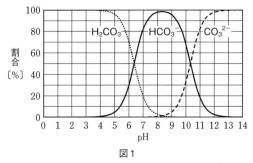

図1

一方，海水は地殻由来の無機塩が溶けているため，弱塩基性を保っている。しかし，産業革命後は，人口の急増や化石燃料の多用で増加した CO_2 の一部が海水に溶けることによって，(b) 海水の pH は徐々に低下しつつある。

宇宙に目を向ければ，(c) ある惑星では大気のほとんどが CO_2 で，大気圧はほぼ 600 Pa，表面温度は最高で 20℃，最低で − 140℃ に達する。

問1　下線部(a)に関連して，25℃，1.0×10^5 Pa の地球の大気と接している水 1.0 L に溶ける CO_2 の物質量は何 mol か。最も適当な数値を，次の①～⑤のうちから一つ選べ。ただし，CO_2 の水への溶解はヘンリーの法則のみに従い，25℃，1.0×10^5 Pa の CO_2 は水 1.0 L に 0.033 mol 溶けるものとする。また，地球の大気は CO_2 を体積で 0.040% 含むものとする。

① 3.3×10^{-2}　② 1.3×10^{-3}　③ 6.5×10^{-4}　④ 1.3×10^{-5}　⑤ 6.5×10^{-6}

問2　式(2)における電離定数 K_2 に関する次の問い(a・b)に答えよ。

a　電離定数 K_2 を次の式(3)で表すとき，$\boxed{1}$ と $\boxed{2}$ に当てはまる最も適当なものを，後の①～⑤のうちからそれぞれ一つずつ選べ。

$$K_2 = [H^+] \times \frac{\boxed{1}}{\boxed{2}} \quad \cdots(3)$$

① $[H^+]$　② $[HCO_3^-]$　③ $[CO_3^{2-}]$
④ $[HCO_3^-]^2$　⑤ $[CO_3^{2-}]^2$

b 電離定数の値は数桁にわたるので，K_2 の対数をとって $pK_2(=-\log_{10}K_2)$ として表すことがある。式(3)を変形した次の式(4)と図1を参考に，pK_2 の値を求めると，およそいくらになるか。最も適当な数値を，後の①～⑤のうちから一つ選べ。

$$-\log_{10}K_2 = -\log_{10}[\text{H}^+] - \log_{10}\frac{\boxed{1}}{\boxed{2}} \quad \cdots(4)$$

① 6.3　② 7.3　③ 8.3　④ 9.3　⑤ 10.3

問3 下線部(b)に関連して，pH が 8.17 から 8.07 に低下したとき，水素イオン濃度はおよそ何倍になるか。最も適当な数値を，次の①～⑥のうちから一つ選べ。必要があれば常用対数表の一部を抜き出した表1を参考にせよ。たとえば，$\log_{10}2.03$ の値は，表1の 2.0 の行と 3 の列が交わる太枠内の数値 0.307 となる。

① 0.10　② 0.75　③ 1.0　④ 1.3　⑤ 7.5　⑥ 10

数	0	1	2	3	4	5	6	7	8	9
1.0	0.000	0.004	0.009	0.013	0.017	0.021	0.025	0.029	0.033	0.037
1.1	0.041	0.045	0.049	0.053	0.057	0.061	0.064	0.068	0.072	0.076
1.2	0.079	0.083	0.086	0.090	0.093	0.097	0.100	0.104	0.107	0.111
1.3	0.114	0.117	0.121	0.124	0.127	0.130	0.134	0.137	0.140	0.143
1.4	0.146	0.149	0.152	0.155	0.158	0.161	0.164	0.167	0.170	0.173
1.5	0.176	0.179	0.182	0.185	0.188	0.190	0.193	0.196	0.199	0.201
1.6	0.204	0.207	0.210	0.212	0.215	0.217	0.220	0.223	0.225	0.228
1.7	0.230	0.233	0.236	0.238	0.241	0.243	0.246	0.248	0.250	0.253
1.8	0.255	0.258	0.260	0.262	0.265	0.267	0.270	0.272	0.274	0.276
1.9	0.279	0.281	0.283	0.286	0.288	0.290	0.292	0.294	0.297	0.299
2.0	0.301	0.303	0.305	**0.307**	0.310	0.312	0.314	0.316	0.318	0.320
2.1	0.322	0.324	0.326	0.328	0.330	0.332	0.334	0.336	0.338	0.340
〜										
9.6	0.982	0.983	0.983	0.984	0.984	0.985	0.985	0.985	0.986	0.986
9.7	0.987	0.987	0.988	0.988	0.989	0.989	0.989	0.990	0.990	0.991
9.8	0.991	0.992	0.992	0.993	0.993	0.993	0.994	0.994	0.995	0.995
9.9	0.996	0.996	0.997	0.997	0.997	0.998	0.998	0.999	0.999	1.000

表1　常用対数表(抜粋，小数第4位を四捨五入して小数第3位までを記載)

問4 下線部(c)に関連して，なめらかに動くピストン付きの密閉容器に20℃でCO₂を入れ，圧力600 Paに保ち，温度を20℃から−140℃まで変化させた。このとき，容器内のCO₂の温度tと体積Vの関係を模式的に表した図として最も適当なものを，後の①〜④のうちから一つ選べ。ただし，温度tと圧力pにおいてCO₂がとりうる状態は図2のようになる。なお，図2は縦軸が対数で表されている。

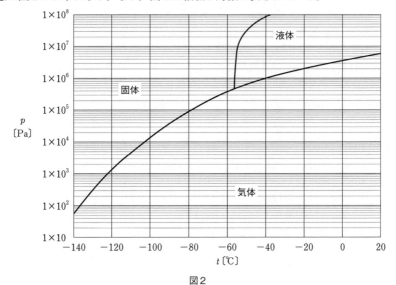

図2

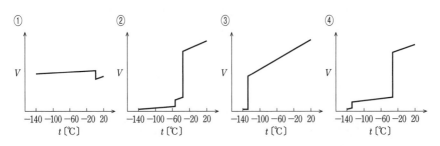

〈大学入学共通テスト試行調査〉

1　気体の製法・性質

●気体の実験室的製法

	気体	試薬	加熱	捕集法	化学反応式
酸塩基反応	H_2S	硫化物＋強酸	不要	ア	$FeS + 2HCl \longrightarrow FeCl_2 + H_2S$
	CO_2	炭酸塩＋塩酸	イ	下方	$CaCO_3 + 2HCl \longrightarrow CaCl_2 + CO_2 + H_2O$
	NH_3	アンモニウム塩＋強塩基	ウ	エ	$2NH_4Cl + Ca(OH)_2 \longrightarrow CaCl_2 + 2NH_3 + 2H_2O$
	SO_2	亜硫酸塩＋強酸	不要	下方	$Na_2SO_3 + H_2SO_4 \longrightarrow$ オ $+ SO_2 + H_2O$
	HF	ホタル石＋濃硫酸	必要	下方	カ $+ H_2SO_4 \longrightarrow CaSO_4 + 2HF$
	HCl	塩化物＋濃硫酸	キ	下方	$NaCl + H_2SO_4 \longrightarrow$ ク $+ HCl$
酸化還元反応	H_2	希酸＋金属	不要	水上	$Zn + H_2SO_4 \longrightarrow ZnSO_4 + H_2$
	NO	銅＋ ケ	不要	コ	$3Cu + 8HNO_3 \longrightarrow 3Cu(NO_3)_2 + 2NO + 4H_2O$
	NO_2	銅＋ サ	不要	シ	$Cu + 4HNO_3 \longrightarrow Cu(NO_3)_2 + 2NO_2 + 2H_2O$
	SO_2	銅＋熱 ス	必要	下方	$Cu + 2H_2SO_4 \longrightarrow CuSO_4 + SO_2 + 2H_2O$
	Cl_2	MnO_2＋濃塩酸	必要	セ	$MnO_2 + 4HCl \longrightarrow MnCl_2 + Cl_2 + 2H_2O$ …(＊)
		さらし粉＋塩酸	不要		ソ $+ 2HCl \longrightarrow CaCl_2 + Cl_2 + 2H_2O$
分解反応	O_2	過酸化水素の分解 MnO_2（触媒）	不要	水上	$2H_2O_2 \longrightarrow 2H_2O + O_2$
		塩素酸カリウムの熱分解 MnO_2（触媒）	必要		2 タ $\longrightarrow 2KCl + 3O_2$
	N_2	亜硝酸アンモニウムの熱分解	必要	水上	$NH_4NO_2 \longrightarrow N_2 + 2H_2O$
	CO_2	炭酸カルシウムの熱分解	必要	下方	$CaCO_3 \longrightarrow CaO + CO_2$
		炭酸水素ナトリウムの熱分解	必要		$2NaHCO_3 \longrightarrow$ チ $+ CO_2 + H_2O$
	CO	ギ酸の脱水（濃硫酸）	必要	ツ	$HCOOH \longrightarrow CO + H_2O$

※塩素の精製

（＊）で発生させた塩素は，水に通し テ を除去した後，濃硫酸に通し ト を除去する

●気体の性質

①色　F_2： ナ 色，Cl_2： ニ 色，O_3： ヌ 色，NO_2： ネ 色，そのほかは**無色**

②におい　無臭の気体：H_2，N_2，O_2，CO_2，CO，NO

　　☆特有なにおいをもつ気体　⇒　H_2S： ノ 臭，O_3： ハ 臭，そのほかは**刺激臭**

③水への溶解性　水に溶けにくい気体：H_2，N_2，O_2，O_3，CO，NO

④液性　水に溶ける気体のうち ヒ のみ**塩基性**，そのほかは**酸性**

●気体の検出反応

①**HCl の検出**　⇒　濃アンモニア水を近づけると， フ が発生

　　　　　　　$NH_3 + HCl \longrightarrow$ ヘ

②**NO の検出**　⇒　空気に触れると， ホ 色に変化　$2NO + O_2 \longrightarrow 2$ マ

③ O_3，Cl_2（酸化作用あり）の検出 ⇒ ミ紙をム変

④ H_2S（還元作用あり）の検出 ⇒ SO_2 水溶液に吹き込むと，白濁する

$SO_2 + 2H_2S \longrightarrow 3$ メ $+ 2H_2O$

☆この反応では SO_2 がモ剤としてはたらく

☆ SO_2，Cl_2，O_3 は漂白作用をもつ

⑤ CO_2 の検出 ⇒ ヤ水に吹き込むと白濁し，さらに吹き込むと**無色に変化**

$\begin{cases} Ca(OH)_2 + CO_2 \longrightarrow CaCO_3 \downarrow + H_2O \\ CaCO_3 + CO_2 + H_2O \longrightarrow \boxed{ユ} \end{cases}$

●乾燥剤 ⇒ 中和反応が起こらないように使用

酸性乾燥剤：濃硫酸，ヨ

塩基性乾燥剤：生石灰 CaO，水酸化ナトリウム ⇒ 合わせると，ラ

中性乾燥剤：リ，シリカゲル

☆例外的に不適当な組合せ

① NH_3 は，$CaCl_2$，シリカゲルと反応するため，乾燥できない

② H_2S は，ルと**酸化還元反応を起こす**ため，乾燥できない

解答 ア：下方 イ：不要 ウ：必要 エ：上方 オ：Na_2SO_4 カ：CaF_2
キ：必要 ク：$NaHSO_4$ ケ：希硝酸 コ：水上 サ：濃硝酸 シ：下方
ス：濃硫酸 セ：下方 ソ：$CaCl(ClO)\cdot H_2O$ タ：$KClO_3$ チ：Na_2CO_3
ツ：水上 テ：塩化水素 ト：水蒸気 ナ：淡黄 ニ：黄緑 ヌ：淡青
ネ：赤褐 ノ：腐卵 ハ：特異 ヒ：NH_3 フ：白煙 ヘ：NH_4Cl ホ：赤褐
マ：NO_2 ミ：ヨウ化カリウムデンプン ム：青 メ：S モ：酸化 ヤ：石灰
ユ：$Ca(HCO_3)_2$ ヨ：十酸化四リン ラ：ソーダ石灰 リ：塩化カルシウム
ル：濃硫酸

Step 2 **演習問題** ～問題をこなし得点力をつけよう～ 解答 ▶別冊46頁

1 気体の発生・捕集 知識

右の表に示す2種類の薬品の反応によって発生する気体ア〜オのうち，**水上置換**で**捕集できないもの**の組合せを，次の①〜⑤のうちから一つ選べ。

2種類の薬品	発生する気体
Al，水酸化ナトリウム水溶液	ア
CaF_2，濃硫酸	イ
FeS，希硫酸	ウ
$KClO_3$，MnO_2	エ
Zn，希塩酸	オ

① アとイ　② イとウ

③ ウとエ　④ エとオ

⑤ アとオ

〈2015年 追試〉

　次の図のような装置を用いたアンモニアの発生実験に関する記述として**誤りを含むも**のを，後の①〜⑤のうちから一つ選べ。

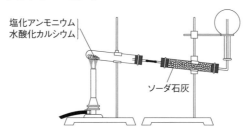

① 塩化アンモニウムと水酸化カルシウムの代わりに，硫酸アンモニウムと水酸化ナトリウムを用いても，アンモニアを発生させることができる。
② 試験管の口をやや下向きにしておくのは，同時に生成する水が加熱部に戻らないようにするためである。
③ ソーダ石灰の代わりに，洗気びんに入れた濃硫酸を乾燥剤として用いてもよい。
④ アンモニアは，空気より軽く水溶性なので，上方置換で捕集する。
⑤ 発生したアンモニアは，水で湿らせたリトマス紙で検出できる。　　〈2001 年 本試〉

3 **気体の性質** 正誤

　気体に関する記述として下線部に**誤りを含むもの**を，次の①〜⑤のうちから一つ選べ。
① 塩素を水に溶かした溶液は，<u>中性</u>を示す。
② 硫化水素は，有毒な<u>無色・腐卵臭の気体</u>である。
③ 一酸化炭素は，有毒な<u>無色・無臭の気体</u>である。
④ 二酸化炭素を水に溶かした溶液は，<u>弱酸性</u>を示す。
⑤ メタンは，空気より軽い<u>無色・無臭の気体</u>である。　　〈2015 年 追試〉

4 **気体の分離** 知識

　気体Ａに，わずかな量の気体Ｂが不純物として含まれている。液体Ｃにこの混合気体を通じて気体Ｂを取り除き，気体Ａを得たい。気体Ａ，Ｂおよび液体Ｃの組合せとして**適当でないもの**を，次の①〜⑤のうちから一つ選べ。

	気体 A	気体 B	液体 C
①	一酸化炭素	塩化水素	水
②	酸素	二酸化炭素	石灰水
③	窒素	二酸化硫黄	水酸化ナトリウム水溶液
④	塩素	水蒸気	濃硫酸
⑤	二酸化窒素	一酸化窒素	水

〈2017 年 本試〉

●ハロゲン

①単体

	フッ素 F_2	塩素 Cl_2	臭素 Br_2	ヨウ素 I_2
色	［ア］色	［イ］色	［ウ］色	［エ］色
状態	気体	気体	［オ］体	固体
酸化力	強 ⟵			弱

※単体と水の反応

- ・フッ素 ⇒ 水と激しく反応し，［カ］を発生　$2F_2 + 2H_2O \longrightarrow 4HF + O_2$
- ・塩素 ⇒ 水と反応し，**塩化水素**と［キ］を生じる　$Cl_2 + H_2O \rightleftharpoons HCl + HClO$
  - ☆次亜塩素酸は，［ク］力をもつため，**殺菌・漂白作用**がある
- ・ヨウ素 ⇒ 水に**溶けにくい**が，［ケ］を加えると溶解する

②ハロゲン化水素の性質

	フッ化水素 HF	塩化水素 HCl	臭化水素 HBr	ヨウ化水素 HI
状態	気体	気体	気体	気体
酸性	［コ］性	強酸性	強酸性	［サ］性

※フッ化水素酸はガラスを溶かす　$SiO_2 + 6HF \longrightarrow$ ［シ］ $+ 2H_2O$

③ハロゲン化銀

	フッ化銀 AgF	塩化銀 AgCl	臭化銀 AgBr	ヨウ化銀 AgI
水への溶解性	可溶	難溶	難溶	難溶
沈殿の色		［ス］色	［セ］色	［ソ］色

☆ハロゲン化銀は**光を当てると分解**し銀が遊離する（**感光性**）

$$2AgCl \longrightarrow 2Ag + Cl_2 \qquad 2AgBr \longrightarrow 2Ag + Br_2$$

☆ AgCl はアンモニア水に，AgCl，AgBr，AgIは［タ］水溶液に溶ける

●硫黄

①硫酸の工業的製法：［チ］法

Step 1 硫黄または黄鉄鉱を**燃焼**させる

$$S + O_2 \longrightarrow SO_2 \qquad 4FeS_2 + 11O_2 \longrightarrow 2［ツ］ + 8SO_2$$

Step 2 二酸化硫黄を［テ］触媒を使って酸化し，**三酸化硫黄**を得る

$$2SO_2 + O_2 \longrightarrow 2SO_3$$

Step 3 濃硫酸中の水と三酸化硫黄を反応させ，［ト］を得る

$$SO_3 + H_2O \longrightarrow H_2SO_4$$

②硫酸の性質（(i)希硫酸，(ii)～(v)濃硫酸）

(i)強酸性　**例** $Na_2SO_3 + H_2SO_4 \longrightarrow Na_2SO_4 + SO_2 + H_2O$

(ii)不揮発性　**例** $NaCl + H_2SO_4 \longrightarrow NaHSO_4 + HCl$

(iii)［ナ］作用　**例** $C_6H_{12}O_6 \longrightarrow 6C + 6H_2O$（濃硫酸＝［ナ］剤）

(iv)［ニ］作用 ⇒ 酸性乾燥剤として利用

(v)［ヌ］作用　**例** $Cu + 2H_2SO_4 \longrightarrow CuSO_4 + SO_2 + 2H_2O$

●窒素・リン

①アンモニアの工業的製法：$\boxed{ネ}$法

　☆窒素と水素から$\boxed{ノ}$を主成分とした触媒を使い，高温・高圧で直接合成

　　　　$N_2 + 3H_2 \longrightarrow 2NH_3$

②硝酸の工業的製法：$\boxed{ハ}$法

　$\boxed{Step 1}$　アンモニアを$\boxed{ヒ}$触媒に通して酸化し，**一酸化窒素**とする

　　　　　$4NH_3 + 5O_2 \longrightarrow 4NO + 6\boxed{フ}$

　$\boxed{Step 2}$　**一酸化窒素**を空気酸化し，**二酸化窒素**とする

　　　　　$2NO + O_2 \longrightarrow 2NO_2$

　$\boxed{Step 3}$　**二酸化窒素**を温水と反応させ，**硝酸**を得る

　　　　　$3NO_2 + H_2O \longrightarrow 2HNO_3 + \boxed{ヘ}$

　☆化学反応式 $\boxed{Step 1}$〜$\boxed{Step 3}$を1つにまとめる…（$\boxed{Step 1}$＋$\boxed{Step 2}$×3＋$\boxed{Step 3}$×2）÷4

　　　$NH_3 + 2\boxed{ホ} \longrightarrow HNO_3 + H_2O$

③リン

同素体	色	毒性	特徴
黄リン	淡黄色	**有毒**	空気中で$\boxed{マ}$するため，$\boxed{ミ}$中に保存
$\boxed{ム}$	赤褐色	弱い	$\boxed{マ}$しない，マッチ箱の発火剤

※リンを燃焼すると，$\boxed{メ}$を生じる　$4P + 5O_2 \longrightarrow P_4O_{10}$

●ケイ素

①ケイ素の単体　⇒　$\boxed{モ}$の結晶で，硬くて融点が高い。$\boxed{ヤ}$の性質をもつ。

　☆単体は，**天然には存在しない**ので，SiO_2をコークスで$\boxed{ユ}$して得る

　　　$SiO_2 + 2C \longrightarrow Si + 2CO$

②二酸化ケイ素

　・$\boxed{ヨ}$の結晶で，**硬くて融点が高い**

　・**塩基とともに加熱**すると，**ケイ酸ナトリウム Na_2SiO_3** を得る

　　　$SiO_2 + 2NaOH \longrightarrow Na_2SiO_3 + H_2O$

　☆Na_2SiO_3に水を加え，加熱して生じる**粘性の高い液体**を$\boxed{ラ}$という

　☆水ガラスに塩酸を加えると，**ケイ酸 H_2SiO_3** が沈殿

　　　$Na_2SiO_3 + 2HCl \longrightarrow 2NaCl + H_2SiO_3$

　☆ケイ酸を加熱乾燥すると，$\boxed{リ}$が得られる

第4章　無機物質

解答 ア：淡黄　イ：黄緑　ウ：赤褐　エ：黒紫　オ：液　カ：酸素
キ：次亜塩素酸　ク：酸化　ケ：ヨウ化カリウム　コ：弱酸　サ：強酸
シ：H_2SiF_6　ス：白　セ：淡黄　ソ：黄　タ：チオ硫酸ナトリウム
ナ：接触　ツ：Fe_2O_3　テ：酸化バナジウム(V)　ト：発煙硫酸　ナ：脱水
ニ：吸湿　ヌ：酸化　ネ：ハーバー・ボッシュ（ハーバー）　ノ：鉄
ハ：オストワルト　ヒ：白金　フ：H_2O　ヘ：NO　ホ：O_2　マ：自然発火
ミ：水　ム：赤リン　メ：十酸化四リン　モ：共有結合　ヤ：半導体　ユ：還元
ヨ：共有結合　ラ：水ガラス　リ：シリカゲル

5 ハロゲン① 正誤

ハロゲンに関する記述として**誤りを含むもの**を，次の①～⑥のうちから一つ選べ。

① フッ素は，水と反応し，酸素が発生する。

② 塩素を水に溶かすと，次亜塩素酸が生成する。

③ 臭素は，常温で赤褐色の液体である。

④ 臭素を塩化カリウム水溶液に加えると，塩素が生成する。

⑤ ヨウ素は，ヨウ化カリウム水溶液に溶ける。

⑥ ヨウ素は，常温で黒紫色の固体である。 〈2010 年 本試〉

6 ハロゲン② 正誤

ハロゲンの単体および化合物に関する記述として**誤りを含むもの**を，次の①～⑤のうちから一つ選べ。

① 単体の融点および沸点は，$Cl_2 < Br_2 < I_2$ の順に高い。

② 単体の酸化力は，$Cl_2 < Br_2 < I_2$ の順に強い。

③ $AgCl$，$AgBr$，AgI は，いずれも水に溶けにくい。

④ $AgCl$，$AgBr$，AgI は，いずれも光によって分解され，銀を析出する。

⑤ HCl，HBr，HI の水溶液は，いずれも強酸である。 〈2008 年 本試〉

7 硫黄 正誤

硫黄の化合物に関する記述として**誤りを含むもの**を，次の①～⑤のうちから一つ選べ。

① 二酸化硫黄は，硫黄を空気中で燃焼させることにより得られる。

② 二酸化硫黄と硫化水素の反応では，二酸化硫黄が還元剤としてはたらく。

③ 三酸化硫黄は，触媒を用いて二酸化硫黄を酸素と反応させることにより得られる。

④ 硫化水素の水溶液は，弱酸性を示す。

⑤ 硫酸鉛(Ⅱ)は，鉛蓄電池の放電時に両極の表面に生成する。 〈2015 年 本試〉

8 硝酸の工業的製法 正誤

アンモニアから硝酸を製造する方法(オストワルト法)に関連する記述として**誤りを含むもの**を，次の①～⑤のうちから一つ選べ。

① NO は，白金を触媒として NH_3 と O_2 を反応させてつくられる。

② NO は，水に溶けやすい気体である。

③ NO_2 は，NO を O_2 と反応させてつくられる。

④ NO_2 と H_2O の反応で生成する HNO_3 と NO の物質量の比は，2:1である。

⑤ NO_2 と H_2O の反応で生じた NO は，再利用される。 〈2012 年 本試〉

9 リン 正誤

リンに関連する記述として**誤りを含むもの**を，次の①〜⑤のうちから一つ選べ。
① リンは窒素と同じ族に属する元素である。
② 赤リンは黄リンより反応性が低い。
③ リンの単体は，空気中で燃焼すると，十酸化四リン（五酸化二リン）になる。
④ 十酸化四リンは，水を加えて加熱すると，リン酸になる。
⑤ リン酸は2価の酸である。 〈2014年 追試〉

10 炭素の酸化物 正誤

一酸化炭素および二酸化炭素に関する記述として**誤りを含むもの**を，次の①〜⑥のうちから一つ選べ。
① 一酸化炭素は，メタノールを合成するときの原料になる。
② 一酸化炭素は，強い酸化力をもつ。
③ 一酸化炭素は，強い毒性をもつ。
④ 二酸化炭素の水溶液は，弱い酸性を示す。
⑤ 二酸化炭素の固体は，昇華性をもつ。
⑥ 二酸化炭素は，炭酸ナトリウムに希塩酸を加えると得られる。 〈2009年 追試〉

11 ケイ素 正誤

ケイ素とその化合物に関する記述として**誤りを含むもの**を，次の①〜⑥のうちから一つ選べ。
① ケイ素は，岩石や鉱物を構成する元素として，地殻中に酸素に次いで多く存在する。
② ケイ素原子は，4個の価電子をもつ。
③ ケイ素の結晶は，ダイヤモンドと同様の結晶構造をもつ。
④ ケイ素の結晶は，半導体の性質を示す。
⑤ 水晶は，二酸化ケイ素の結晶である。
⑥ シリカゲルは，水ガラスを加熱して乾燥すると得られる。 〈2010年 追試〉

12 さまざまな元素の水素化合物 正誤

第2または第3周期の元素の原子1つと水素原子だけからなる水素化合物に関する記述として**誤りを含むもの**を，次の①〜⑤のうちから一つ選べ。
① 第2周期14族元素の水素化合物は，水に溶けにくい。
② 第2周期15族元素の水素化合物の水溶液は，塩基性を示す。
③ 第3周期16族元素の水素化合物は，悪臭をもち，有毒である。
④ 第2周期と第3周期の17族元素の水素化合物の水溶液は，いずれも酸性を示す。
⑤ 第2周期14〜17族元素の水素化合物は，いずれも常温・常圧で気体である。
〈2008年 追試〉

3 典型金属元素

●アルカリ金属元素

①**単体の反応** ⇒ 反応性が高く，$\boxed{ア}$中に保存する

・水と激しく反応し，$\boxed{イ}$を発生　$2Na + 2H_2O \longrightarrow 2\boxed{ウ} + H_2$

・空気中で$\boxed{エ}$されやすい　$4Na + O_2 \longrightarrow 2Na_2O$

②**潮解と風解**

・潮解…結晶が**空気中の水分を吸収**　例　$\boxed{オ}$, $MgCl_2$ など

・風解…水和物である結晶が**水和水の一部を失う**　例　$\boxed{カ} \longrightarrow Na_2CO_3 \cdot H_2O$

●炭酸ナトリウムの工業的製法：$\boxed{キ}$法

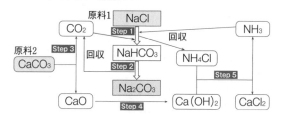

Step 1　塩化ナトリウム水溶液に CO_2 と NH_3 を吹き込むと，$\boxed{ク}$が**沈殿**

$NaCl + NH_3 + CO_2 + H_2O \longrightarrow \boxed{ケ} + NH_4Cl$

Step 2　炭酸水素ナトリウムを熱分解し，炭酸ナトリウム Na_2CO_3 を得る

$2NaHCO_3 \longrightarrow Na_2CO_3 + CO_2 + H_2O$

Step 3　炭酸カルシウムを熱分解する　$CaCO_3 \longrightarrow CaO + CO_2$

Step 4　酸化カルシウム（$\boxed{コ}$）に水を加え，水酸化カルシウム（$\boxed{サ}$）を得る

$CaO + H_2O \longrightarrow Ca(OH)_2$

Step 5　$Ca(OH)_2$と Step 1 の NH_4Cl を混合して加熱し，$\boxed{シ}$を発生させる

$Ca(OH)_2 + 2NH_4Cl \longrightarrow CaCl_2 + 2NH_3 + 2H_2O$

Step 1～Step 5を1つにまとめると…（ Step 1 ×2＋ Step 2 ＋ Step 3 ＋ Step 4 ＋ Step 5 ）

$2NaCl + CaCO_3 \longrightarrow Na_2CO_3 + \boxed{ス}$

●アルカリ土類金属元素

①**カルシウムの単体・化合物の反応**

・カルシウムは，水と激しく反応し，$\boxed{セ}$を発生

$Ca + 2H_2O \longrightarrow Ca(OH)_2 + H_2$

・カルシウムは，空気中で$\boxed{ソ}$されやすい

$2Ca + O_2 \longrightarrow 2CaO$

・水酸化カルシウムに塩素を吸収させると，$\boxed{タ}$を得る

$Ca(OH)_2 + Cl_2 \longrightarrow \boxed{チ}$

- 炭化カルシウム（ $\boxed{ツ}$ ）に水を加えると，$\boxed{テ}$ が発生

$$CaC_2 + 2H_2O \longrightarrow Ca(OH)_2 + C_2H_2$$

- $\boxed{ト}$ …硫酸カルシウム二水和物 $CaSO_4 \cdot 2H_2O$

  ⇒ 加熱すると水和水の一部を失い，$\boxed{ナ}$ $CaSO_4 \cdot \dfrac{1}{2}H_2O$ となる

● **両性金属**…酸とも塩基とも反応する金属　**例**　Al，Zn，$\boxed{ニ}$ ，Pb

①両性金属の単体・化合物の反応

- アルミニウム Al や亜鉛 Zn は，酸にも塩基にも，水素を発生しながら溶ける

$$\begin{cases} 2Al + 6HCl \longrightarrow 2\boxed{ヌ} + 3H_2 \\ 2Al + 2NaOH + 6H_2O \longrightarrow 2\boxed{ネ} + 3H_2 \end{cases}$$

- 酸化アルミニウム Al_2O_3 や酸化亜鉛 ZnO は，酸にも塩基にも溶ける

$$\begin{cases} Al_2O_3 + 6HCl \longrightarrow 2\boxed{ヌ} + 3H_2O \\ Al_2O_3 + 2NaOH + 3H_2O \longrightarrow 2\boxed{ネ} \end{cases}$$

※ Al，Fe，$\boxed{ノ}$ の単体は，緻密な酸化被膜をつくる（ $\boxed{ハ}$ ）ため，濃硝酸に溶けない

②アルミニウムに関する用語

- $\boxed{ヒ}$ …Al，Cu，Mg，Mn などを含む合金　⇒　軽量で強く，電車・飛行機に利用
- $\boxed{フ}$ 反応…Al と Fe_2O_3 混合物を点火し，鉄を得る

$$2Al + Fe_2O_3 \longrightarrow 2Fe + Al_2O_3$$

- $\boxed{ヘ}$ …アルミニウムの酸化被膜を人工的につけた製品
- $\boxed{ホ}$ …硫酸カリウムアルミニウム十二水和物 $AlK(SO_4)_2 \cdot 12H_2O$ の結晶

● **アルミニウムの製錬**

- アルミニウムの鉱石：$\boxed{マ}$
- アルミナ Al_2O_3 を高温で融かして電気分解（ $\boxed{ミ}$ ）し，単体のアルミニウムを得る

$$\begin{cases} 陽極 \quad O^{2-} + C \longrightarrow CO + 2e^-, \quad 2O^{2-} + C \longrightarrow \boxed{ム} + 4e^- \\ 陰極 \quad Al^{3+} + 3e^- \longrightarrow Al \end{cases}$$

☆アルミナをより低い温度で融解させるために，$\boxed{メ}$ の融解液中で行う

☆ Al は，**イオン化傾向がとても** $\boxed{モ}$ **いため**，水溶液の電気分解ではアルミニウムの単体が得られない

解答　ア：石油　イ：水素　ウ：NaOH　エ：酸化　オ：NaOH
カ：$Na_2CO_3 \cdot 10H_2O$　キ：アンモニアソーダ（ソルベー）
ク：炭酸水素ナトリウム　ケ：$NaHCO_3$　コ：生石灰　サ：消石灰
シ：アンモニア　ス：$CaCl_2$　セ：水素　ソ：酸化　タ：さらし粉
チ：$CaCl(ClO) \cdot H_2O$　ツ：カーバイド　テ：アセチレン　ト：セッコウ
ナ：焼きセッコウ　ニ：Sn　ヌ：$AlCl_3$　ネ：$Na[Al(OH)_4]$　ノ：Ni　ハ：不動態
ヒ：ジュラルミン　フ：テルミット　ヘ：アルマイト　ホ：ミョウバン
マ：ボーキサイト　ミ：溶融塩電解（融解塩電解）　ム：CO_2
メ：氷晶石（Na_3AlF_6）　モ：大き

13 アルカリ金属・アルカリ土類金属 正誤

アルカリ金属およびアルカリ土類金属の炭酸塩に関する記述として**誤りを含むもの**を，次の①〜⑤のうちから一つ選べ。

① $Na_2CO_3 \cdot 10H_2O$ を乾いた空気中に放置すると，水和水の一部が失われる。

② $NaHCO_3$ を空気中に放置すると，Na_2CO_3 を生じる。

③ KOH を空気中に放置すると，K_2CO_3 を生じる。

④ $CaCO_3$ の沈殿を含む水溶液に CO_2 を吹き込むと，沈殿は $Ca(HCO_3)_2$ となって溶ける。

⑤ $CaCO_3$ を強熱すると，分解して CO_2 を生じる。　　　　　　　　　　　〈2007 年 追試〉

14 炭酸ナトリウムの工業的製法 正誤

次の図は，アンモニアソーダ法によって炭酸ナトリウムと塩化カルシウムを製造する過程を示したものである。図に関する記述として**誤りを含むもの**を，後の①〜⑤のうちから一つ選べ。ただし，発生する化合物 A と化合物 B は，すべて回収され，再利用されるものとする。

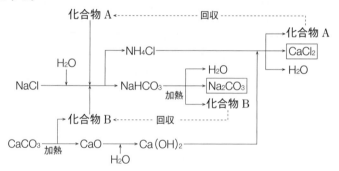

① 化合物 A は水によく溶け，水溶液は塩基性を示す。

② 化合物 B を $Ca(OH)_2$ 水溶液（石灰水）に通じると白濁する。

③ $NaCl$ 飽和水溶液に化合物 A と化合物 B を加えると，$NaHCO_3$ が沈殿する。

④ 図の製造過程において化合物 A と NH_4Cl の物質量の合計は変化しない。

⑤ 図の製造過程において必要な $CaCO_3$ と $NaCl$ の物質量は等しい。　　〈2012 年 本試〉

15 アルミニウム 正誤

アルミニウムに関する記述として**誤りを含むもの**を，次の①〜⑤のうちから一つ選べ。

① アルミニウムは，融解した氷晶石に酸化アルミニウムを溶かし，電気分解により製造される。

② アルミニウムの密度は，鉄の密度より小さい。

③ アルミニウムは，強塩基の水溶液と反応し，水素を発生する。

④ アルミニウムは，希硝酸に溶けにくい。

⑤ ミョウバンは，硫酸カリウムと硫酸アルミニウムの混合水溶液から得られる。

〈2013 年 追試〉

16 さまざまな金属の反応・性質 正誤

金属に関する記述として**誤りを含むもの**を，次の①〜⑥のうちから一つ選べ。

① マグネシウムは，冷水とはほとんど反応しないが，熱水とは反応する。

② アルミニウムを空気中に放置すると，表面に緻密な酸化物の膜ができる。

③ カルシウムは，水と反応し，酸素が発生する。

④ スズは，強塩基の水溶液と反応し，溶ける。

⑤ 銀は，銅よりも高い電気伝導性をもつ。

⑥ 水銀は，多くの金属を溶かし，合金(アマルガム)をつくる。 〈2010 年 本試〉

17 酸化物の反応 正誤

酸化物の反応に関する記述として**誤りを含むもの**を，次の①〜⑤のうちから一つ選べ。

① Al_2O_3 を水酸化ナトリウムの水溶液と反応させると，$Na[Al(OH)_4]$ が生じる。

② Na_2O を水と反応させると，$NaOH$ が生じる。

③ P_4O_{10} を水に加えて加熱すると，H_3PO_4 が生じる。

④ CaO を希塩酸に加えると，$CaCl_2$ が生じる。

⑤ PbO_2 を希硫酸に加えると，$PbSO_4$ が生じる。 〈2013 年 本試〉

18 試薬の保存法 正誤

化学薬品の性質とその保存方法に関する記述として**誤りを含むもの**を，次の①〜⑤のうちから一つ選べ。

① フッ化水素酸は，ガラスを腐食するため，ポリエチレンのびんに保存する。

② 水酸化ナトリウムは，潮解するため，密閉して保存する。

③ ナトリウムは，空気中の酸素や水と反応するため，エタノール中に保存する。

④ 黄リンは，空気中で自然発火するため，水中に保存する。

⑤ 濃硝酸は，光で分解するため，褐色のびんに保存する。 〈2012 年 本試〉

4 | 遷移元素・金属イオンの反応

●金属イオンの沈殿反応

① Cl^- との沈殿 ⇒ 「ア」(白色)，$PbCl_2$(「イ」色) ※ $PbCl_2$ は「ウ」に溶解。

② $CrO_4{}^{2-}$ の沈殿 ⇒ Ag_2CrO_4(「エ」色)，「オ」(黄色)，$BaCrO_4$(「カ」色)

※クロム酸イオン $CrO_4{}^{2-}$(「キ」色)は，**酸性**にすると，「ク」(「ケ」色)に変化する。

③ $SO_4{}^{2-}$ の沈殿 ⇒ $BaSO_4$(「コ」色)，$CaSO_4$(白色)，「サ」(白色)

④ $CO_3{}^{2-}$ の沈殿 ⇒ $BaCO_3$(「シ」色)，$CaCO_3$(白色)

⑤硫化物イオンとの沈殿

　・何性でも沈殿(イオン化傾向⑪) ⇒ **例**Ag_2S(「ス」色)，PbS(黒色)，「セ」(黒色)

　・中性・塩基性条件で沈殿(イオン化傾向⊕) ⇒ **例**FeS(「ソ」色)，「タ」(白色)

　・沈殿しない(イオン化傾向⑤)

⑥**塩基との沈殿** ※1族および Be，Mg を除く2族の金属イオン以外は，すべて沈殿する。

	Al^{3+}(「チ」色)	Pb^{2+}(無色)	Zn^{2+}(無色)	Cu^{2+}(「ツ」色)	Ag^+(「テ」色)
塩基少量	「ト」↓(白色)	$Pb(OH)_2$↓(白色)	$Zn(OH)_2$↓(「ナ」色)	$Cu(OH)_2$↓(「ニ」色)	「ヌ」↓(「ネ」色)
$NaOH_{aq}$過剰	「ノ」(無色)	$[Pb(OH)_4]^{2-}$(「ハ」色)	「ヒ」(無色)	$Cu(OH)_2$↓変化なし	Ag_2O↓変化なし
NH_{3aq}過剰	$Al(OH)_3$↓変化なし	$Pb(OH)_2$↓変化なし	「フ」(無色)	「ヘ」(「ホ」色)	$[Ag(NH_3)_2]^+$(「マ」色)

⑦**鉄イオンの反応**

	Fe^{2+}(「ミ」色)	Fe^{3+}(「ム」色)
塩基(NaOH，NH₃)過剰	$Fe(OH)_2$↓(「メ」色)	水酸化鉄(Ⅲ)※↓(「モ」色)
ヘキサシアニド鉄(Ⅱ)酸カリウム $K_4[Fe(CN)_6]$	青白色沈殿	「ヤ」色沈殿
「ユ」$K_3[Fe(CN)_6]$	「ヨ」色沈殿	褐色溶液
チオシアン酸カリウム「ラ」	変化なし	「リ」色溶液

※水酸化鉄(Ⅲ)は，$FeO(OH)$ などの混合物であり，化学式で表すことができない。

●鉄の製錬

①**鉄鉱石の種類**

　赤鉄鉱：主成分「ル」　　磁鉄鉱：主成分「レ」

②**製錬法** 鉄鉱石を「ロ」，石灰石とともに加熱し，発生した「ワ」で鉄鉱石を**還元**する

$$Fe_2O_3 + 3CO \longrightarrow 2Fe + 3CO_2$$

・ ヲ …炉から得られた炭素などの不純物を多く含む硬くてもろい鉄
・ ン … ヲ 中の炭素などの不純物を除去した丈夫な鉄

●銅の電解精錬

・粗銅を あ 極，**純銅**を い 極とし，硫酸銅(Ⅱ)$CuSO_4$水溶液を電気分解する
  ※ Cuよりイオン化傾向の う い金属は，溶液中に**溶け出し**，イオン化傾向の
    え い金属は，陽極の下に**沈殿する**(陽極泥)

解答 ア：AgCl　イ：白　ウ：熱水　エ：赤褐　オ：$PbCrO_4$　カ：黄　キ：黄
ク：二クロム酸イオン$Cr_2O_7^{2-}$　ケ：橙赤　コ：白　サ：$PbSO_4$　シ：白
ス：黒　セ：CuS　ソ：黒　タ：ZnS　チ：無　ツ：青　テ：無　ト：$Al(OH)_3$
ナ：白　ニ：青白　ヌ：Ag_2O　ネ：褐　ノ：$[Al(OH)_4]^-$　ハ：無
ヒ：$[Zn(OH)_4]^{2-}$　フ：$[Zn(NH_3)_4]^{2+}$　ヘ：$[Cu(NH_3)_4]^{2+}$　ホ：深青
マ：無　ミ：淡緑　ム：黄褐　メ：緑白　モ：赤褐　ヤ：濃青
ユ：ヘキサシアニド鉄(Ⅲ)酸カリウム　ヨ：濃青　ラ：KSCN　リ：血赤
ル：Fe_2O_3　レ：Fe_3O_4　ロ：コークス　ワ：一酸化炭素　ヲ：銑鉄　ン：鋼
あ：陽　い：陰　う：大き　え：小さ

Step 2 演習問題　~問題をこなし得点力をつけよう~　　解答 ▶ 別冊 53 頁
必要があれば，次の値を使うこと。原子量：O = 16，Cr = 52，Ag = 108

★ 19 金属イオンの分離 正誤

Al^{3+}，Ba^{2+}，Fe^{3+}，Zn^{2+}を含む水溶液から，図の実験により各イオンをそれぞれ
分離することができた。この実験に関する記述として**誤りを含むもの**を，次ページの①
~⑥のうちから一つ選べ。

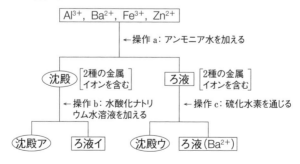

① 操作aでは，アンモニア水を過剰に加える必要があった。

② 操作bでは，水酸化ナトリウム水溶液を過剰に加える必要があった。

③ 操作cでは，硫化水素を通じる前にろ液を酸性にする必要があった。

④ 沈殿アを塩酸に溶かして$K_4[Fe(CN)_6]$水溶液を加えると，濃青色沈殿が生じる。

⑤ ろ液イに塩酸を少しずつ加えていくと生じる沈殿は，両性水酸化物である。

⑥ 沈殿ウは，白色である。 〈2016 年 本試〉

---

20 鉄 正誤

鉄およびその化合物に関する記述として**誤りを含むもの**を，次の①〜⑤のうちから一つ選べ。

① 鉄は，アルミニウムよりも密度が大きい。

② 鉄は，ステンレス鋼の主成分である。

③ 鉄は，銀よりも電気伝導性が大きい。

④ 赤さびの主成分は，酸化数が$+Ⅲ(+3)$の鉄の化合物である。

⑤ Fe^{3+}を含む水溶液に，チオシアン酸カリウム$KSCN$水溶液を加えると，血赤色溶液となる。 〈2013 年 追試〉

---

21 銅 正誤

銅に関する記述として**誤りを含むもの**を，次の①〜⑤のうちから一つ選べ。

① 硫酸銅(Ⅱ)水溶液に，希塩酸を加えて硫化水素を通じても，沈殿は生じない。

② 硫酸銅(Ⅱ)水溶液に，アンモニア水を少量加えると沈殿が生じるが，さらに加えると生じた沈殿が溶ける。

③ 硫酸銅(Ⅱ)水溶液に，亜鉛の粒を加えると，単体の銅が析出する。

④ 銅の電解精錬では，陰極に高純度の銅が析出する。

⑤ 銅の電解精錬では，陽極の下に，銅よりイオン化傾向の小さい金属が沈殿する。

〈2013 年 本試〉

---

22 銀 正誤

銀の単体や化合物に関する記述として**誤りを含むもの**を，次の①〜⑤のうちから一つ選べ。

① 単体の熱伝導性は，室温ではすべての金属元素の単体中最大である。

② 単体は，熱濃硫酸に溶けない。

③ 臭化銀は，水に溶けにくい。

④ 硝酸銀水溶液は，無色である。

⑤ 硝酸銀水溶液に塩化ナトリウム水溶液を加えると，沈殿を生じる。 〈2003 年 本試〉

身近な無機物質に関する記述として**誤りを含むもの**を，次の①〜⑦のうちから二つ選べ。ただし，解答の順序は問わない。

① 電池などに利用されている鉛がとりうる最大の酸化数は，＋2である。

② 粘土は，陶磁器やセメントの原料の一つとして利用されている。

③ ソーダ石灰ガラスは，原子の配列に規則性がないアモルファスであり，窓ガラスなどに利用されている。

④ 酸化アルミニウムなどの高純度の原料を，精密に制御した条件で焼き固めたものは，ニューセラミックス（ファインセラミックス）とよばれる。

⑤ 銅は，湿った空気中では，緑青とよばれるさびを生じる。

⑥ 次亜塩素酸塩は，強い還元作用をもつため，殺菌剤や漂白剤として利用されている。

⑦ 硫酸バリウムは，水に溶けにくく，胃や腸のX線撮影の造影剤として利用されている。

〈2017年 本試〉

★ 24 沈殿反応に関する実験 計算

クロム酸カリウムと硝酸銀との沈殿反応を調べるため，11本の試験管を使い，0.10 mol/Lのクロム酸カリウム水溶液と0.10 mol/Lの硝酸銀水溶液を，それぞれ右の表に示した体積で混ぜ合わせた。各試験管内に生じた沈殿の質量〔g〕を表すグラフとして最も適当なものを，次の①〜⑥のうちから一つ選べ。ただし，沈殿した物質の溶解度は十分小さいものとする。

試験管番号	クロム酸カリウム水溶液の体積〔mL〕	硝酸銀水溶液の体積〔mL〕
1	1.0	11.0
2	2.0	10.0
3	3.0	9.0
4	4.0	8.0
5	5.0	7.0
6	6.0	6.0
7	7.0	5.0
8	8.0	4.0
9	9.0	3.0
10	10.0	2.0
11	11.0	1.0

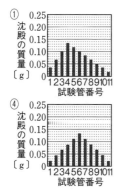
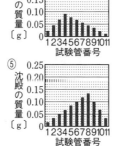
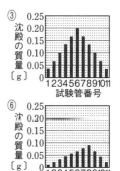

〈2019年 本試〉

必要があれば，次の値を使うこと。原子量：H＝1.0，Li＝6.9，Be＝9.0，C＝12，O＝16，Na＝23，Mg＝24，Cl＝35.5，K＝39，Ca＝40

★ 25 気体の推定

次の文章を読み，問1〜3に答えよ。

化学反応のスポーツ用品への応用について調べたA君は，硬式テニスボールの内圧を高めるのに，ボール内で気体を発生させる反応が用いられていることを知った。A君は，化学担当のB先生の指導のもとで，この反応で発生する気体を調べる実験を行った。試験管に，亜硝酸ナトリウムと塩化アンモニウムの混合水溶液を入れ，ガスバーナーで加熱した。この実験についてB先生は，「反応で水と気体Yが発生し，試験管中には正塩が1つ生じる。」と解説した。

A君は実験結果と考察を以下のように記述した。

◆実験結果

(1) 気体Yを，水上置換で集気瓶に適切に捕集することができた。

(2) 集気瓶中の気体Yは無色であった。

(3) 気体Yを捕集した集気瓶に空気を吹き込んでも，赤褐色への変化はなかった。

(4) 気体Yを捕集した集気瓶に，火のついた線香を入れたところ，火は消えた。

◆考　察

まず，実験結果(4)より，水素と酸素を気体Yの候補から除外した。反応物の構成元素に基づき，可能性がある気体を表にまとめた。候補とした気体はアンモニア，一酸化窒素，二酸化窒素，窒素，塩化水素，塩素である。これら候補中に気体Yが含まれることの確認をB先生から得たうえで，実験結果(1)〜(3)から否定できる気体に×印をつけた。表から，気体Yは×印がない ア であると結論できた。

可能性を検討した気体	実験結果(1)	実験結果(2)	実験結果(3)
アンモニア			
一酸化窒素			
二酸化窒素			
窒素			
塩化水素			
塩素			

表　気体Yの候補について，実験結果(1)〜(3)にもとづく検討

問1　検討の結果，気体Yは塩素ではないことが明らかになった。文中の表で，塩素についての実験結果(1)〜(3)の正しく「×」が書かれているものを，次ページの①〜⑥のうちから一つ選べ。

	実験結果(1)	実験結果(2)	実験結果(3)
①	×		
②		×	
③			×
④	×	×	
⑤		×	×
⑥	×		×

問2　文中の　ア　に入る気体として適切なものを，次の①〜⑤のうちから一つ選べ。

① アンモニア　　② 一酸化窒素　　③ 二酸化窒素

④ 窒素　　　　　⑤ 塩化水素

問3　実験で発生した気体 Y 0.010 mol あたり，何 g の正塩が生じたか。生じた正塩の質量の値を有効数字 2 桁で次の形式で表すとき，　1　，　2　に当てはまる数字を，後の①〜⓪のうちから一つずつ選べ。ただし，同じものを繰り返し選んでもよい。

　　　1　.　2　×10^{-1} g

① 1　② 2　③ 3　④ 4　⑤ 5

⑥ 6　⑦ 7　⑧ 8　⑨ 9　⓪ 0

〈長崎大〉

★　26　金属の反応

1 族，2 族の金属元素に関する次の問い(a 〜 c)に答えよ。

a　金属 X，Y は，1 族元素のリチウム Li，ナトリウム Na，カリウム K，2 族元素のベリリウム Be，マグネシウム Mg，カルシウム Ca のいずれかの単体である。X は希塩酸と反応して水素 H_2 を発生し，Y は室温の水と反応して H_2 を発生する。そこで，さまざまな質量の X，Y を用意し，X は希塩酸と，Y は室温の水とすべて反応させ，発生した H_2 の体積を測定した。反応させた X，Y の質量と，発生した H_2 の体積(0℃，$1.013×10^5$ Pa における体積に換算した値)との関係を図 1 に示す。

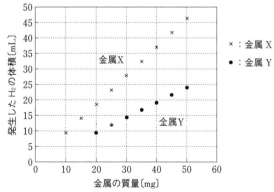

図1　反応させた金属 X，Y の質量と発生した H_2 の体積(0℃，$1.013×10^5$ Pa における体積に換算した値)の関係

このとき，X，Y として最も適当なものを，後の①〜⑥のうちからそれぞれ一つず
つ選べ。ただし，気体定数は $R = 8.31 \times 10^3$ Pa·L/(K·mol) とする。

　① Li　　② Na　　③ K　　④ Be　　⑤ Mg　　⑥ Ca

b　マグネシウムの酸化物 MgO，水酸化物 Mg(OH)$_2$，炭酸塩 MgCO$_3$ の混合物 A を
　乾燥した酸素中で加熱すると，水 H$_2$O と二酸化炭素 CO$_2$ が発生し，後に MgO のみ
　が残る。図 2 の装置を用いて混合物 A を反応管中で加熱し，発生した気体をすべて
　吸収管 B と吸収管 C で捕集する実験を行った。

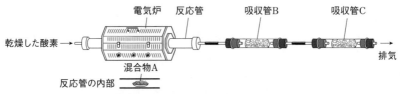

　　　　　　図 2　混合物 A を加熱し発生する気体を捕集する装置

　このとき，B と C にそれぞれ 1 種類の気体のみを捕集したい。B，C に入れる物質
の組合せとして最も適当なものを，次の①〜⑥のうちから一つ選べ。

	吸収管 B に入れる物質	吸収管 C に入れる物質
①	ソーダ石灰	酸化銅(Ⅱ)
②	ソーダ石灰	塩化カルシウム
③	塩化カルシウム	ソーダ石灰
④	塩化カルシウム	酸化銅(Ⅱ)
⑤	酸化銅(Ⅱ)	塩化カルシウム
⑥	酸化銅(Ⅱ)	ソーダ石灰

c　b の実験で，ある量の混合物 A を加熱すると MgO のみが 2.00 g 残った。また捕集
　された H$_2$O と CO$_2$ の質量はそれぞれ 0.18 g，0.22 g であった。加熱前の混合物 A に
　含まれていたマグネシウムのうち，MgO として存在していたマグネシウムの物質量
　の割合は何 % か。最も適当な数値を，次の①〜⑤のうちから一つ選べ。

　① 30　　② 40　　③ 60　　④ 70　　⑤ 80　　　　　　　　〈2023 年 本試〉

★ **27** **沈殿反応の考察**

次の文章を読み，問 1 〜 3 に答えよ。

　ハロゲン化銀のうち，AgF は水に溶け，AgI はほとんど水に溶けないということに
興味をもった生徒が図書館で資料を調べたところ，次のことがわかった。

　　一般に，(a)イオン半径は，原子核の正電荷の大きさと電子の数に依存する。また，
　イオン半径が大きなイオンでは，原子核から遠い位置にも電子があるので，反対の
　電荷をもつイオンと結合するとき電荷の偏りが起こりやすい。このような電荷の偏

りの起こりやすさでイオンを分類すると，表1のようになる。

	偏りが起こりにくい	中間	偏りが起こりやすい
陽イオン	Mg^{2+}，Al^{3+}，Ca^{2+}	Fe^{2+}，Cu^{2+}	Ag^+
陰イオン	OH^-，F^-，$SO_4{}^{2-}$，O^{2-}	Br^-	S^{2-}，I^-

表1　イオンにおける電荷の偏りの起こりやすさ

　イオンどうしの結合は，陽イオンと陰イオンの間にはたらく強い□□に加えて，この電荷の偏りの効果によっても強くなる。経験則として，陽イオンと陰イオンは，電荷の偏りの起こりやすいイオンどうし，もしくは起こりにくいイオンどうしだと強く結合する傾向がある。そのため，水和などの影響が小さい場合，(b)化合物を構成するイオンの電荷の偏りの起こりやすさが同程度であるほど，その化合物は水に溶けにくくなる。たとえばAg^+は電荷の偏りが起こりやすいので，電荷の偏りが起こりやすいI^-とは水に溶けにくい化合物AgIをつくり，偏りの起こりにくいF^-とは水に溶けやすい化合物AgFをつくる。

　このような電荷の偏りの起こりやすさにもとづく考え方で，化学におけるさまざまな現象を説明することができる。ただし，他の要因のために説明できない場合もあるので注意が必要である。

問1　下線部(a)に関連して，同じ電子配置であるイオンのうち，イオン半径の最も大きなものを，次の①〜④のうちから一つ選べ。

① O^{2-}　　② F^-　　③ Mg^{2+}　　④ Al^{3+}

問2　□□に当てはまる語として最も適当なものを，次の①〜⑤のうちから一つ選べ。

① ファンデルワールス力　　② 電子親和力　　③ 水素結合

④ 静電気力（クーロン力）　　⑤ 金属結合

問3　溶解性に関する事実を述べた記述のうち，下線部(b)のような考え方では**説明することができないもの**を，次の①〜④のうちから一つ選べ。

① フッ化マグネシウムとフッ化カルシウムは，ともに水に溶けにくい。

② Al^{3+}を含む酸性水溶液に硫化水素を通じた後に塩基性にしていくと，水酸化アルミニウムの沈殿が生成する。

③ ヨウ化銀と同様に硫化銀は水に溶けにくい。

④ 硫酸銅（Ⅱ）と硫酸マグネシウムは，ともに水によく溶ける。

〈大学入学共通テスト試行調査〉

1 ｜ 元素分析・異性体

●**元素分析**…有機化合物を**完全燃焼**し，生成した CO_2 と H_2O の質量を測定

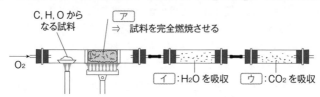

C, H, O から
なる試料

ア
⇒　試料を完全燃焼させる

O_2

イ：H_2O を吸収　　ウ：CO_2 を吸収

☆ ウ は**水も吸収**するため，イ の後ろに設置

●**組成式の算出**（原子量：H = 1.0，C = 12，O = 16）

Step 1　試料中の**元素の質量**を求める（W_X：X の質量）

$$W_C = W_{CO_2} \times \frac{エ}{オ} \qquad W_H = W_{H_2O} \times \frac{カ}{18} \qquad W_O = W_{All} - (W_C + キ)$$

Step 2　元素の質量をそれぞれの原子量で割り，**組成式**（原子数比を表す）を求める

$$C : H : O = \frac{W_C}{12} : \frac{W_H}{1.0} : \frac{W_O}{16} = x : y : z \quad \Rightarrow \quad 組成式 \ C_xH_yO_z$$

●**異性体**… ク が同じで構造が異なる有機化合物

① ケ 異性体…分子の構造式が異なる異性体

例　$CH_3-CH_2-CH_2-CH_3$
ブタン

$$CH_3-\overset{\overset{\displaystyle CH_3}{|}}{CH}-CH_3$$
2-メチルプロパン

② コ 異性体…原子のつながり方は同じで，**立体的な形が異なる**異性体

・ サ 異性体（幾何異性体）…C=C により生じる異性体

例　$CH_3-CH=CH-CH_3$
2-ブテン

$\underset{H}{\overset{CH_3}{\diagdown}}C=C\underset{H}{\overset{CH_3}{\diagup}}$
シ 形

$\underset{H}{\overset{CH_3}{\diagdown}}C=C\underset{CH_3}{\overset{H}{\diagup}}$
ス 形

⇒　C=C が回転できないことによって生じる

・ セ 異性体…鏡像体の関係にある異性体

例　$H-\overset{\overset{\displaystyle CH_3}{|}}{\underset{\underset{\displaystyle OH}{|}}{C}}-COOH$
乳酸

鏡

$\underset{OH}{\overset{CH_3}{\underset{|}{C}}}$ H⋯⋯COOH　｜　HOOC⋯⋯$\overset{CH_3}{\underset{HO}{C}}$ H

⇒　ソ 原子（4つの異なる原子（団）が結合した炭素原子）をもつことで生じる

解答 ア：酸化銅(II)　イ：塩化カルシウム　ウ：ソーダ石灰　エ：12　オ：44
カ：2.0　キ：w_H　ク：分子式　ケ：構造　コ：立体　サ：シス-トランス
シ：シス　ス：トランス　セ：鏡像(光学)　ソ：不斉炭素

Step 2 | **演習問題　〜問題をこなし得点力をつけよう〜**　　解答 ▶ 別冊 59 頁 ■■■■

必要があれば，次の値を使うこと。原子量：H＝1.0，C＝12，O＝16

1　元素分析装置　知識

　次の図は，炭素，水素，酸素からなる有機化合物の元素分析を行うための装置を示している。試料を完全燃焼させ，発生する2種類の気体を吸収管 A と吸収管 B でそれぞれ吸収させる。吸収管 A に入れる物質と吸収管 B で吸収させる物質の組合せとして最も適当なものを，後の①〜⑥のうちから一つ選べ。

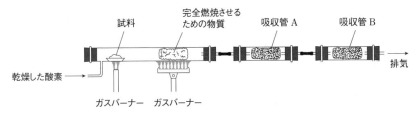

	吸収管 A に入れる物質	吸収管 B で吸収させる物質
①	酸化銅(II)	水
②	酸化銅(II)	二酸化炭素
③	ソーダ石灰	水
④	ソーダ石灰	二酸化炭素
⑤	塩化カルシウム	水
⑥	塩化カルシウム	二酸化炭素

〈2015 年 追試〉

2　分子式の決定　計算

　化合物 A は，ブタンと塩素の混合気体に光を当てて得られた生成物の一つであり，ブタン分子の水素原子1個以上が同数の塩素原子で置換された構造をもつ。ある量の化合物 A を完全燃焼させたところ，二酸化炭素が 352 mg，水が 126 mg 生成した。化合物 A は1分子あたり何個の塩素原子をもつか。正しい数を，次の①〜⑥のうちから一つ選べ。ただし，化合物 A のすべての炭素と水素は，それぞれ二酸化炭素と水になるものとする。

①　1　　②　2　　③　3　　④　4　　⑤　5　　⑥　6

〈2017 年 本試〉

3 元素の検出 正誤

有機化合物に成分元素として含まれる窒素を検出するための操作として最も適当なものを，次の①〜⑤のうちから一つ選べ。

① 試料にバーナーで加熱した銅線を接触させたのち，その銅線を炎の中に入れて炎色反応を観察する。

② 試料をナトリウムの小片とともに加熱・融解したのち，水に溶かす。得られた水溶液を酢酸で酸性にしてろ過したのち，ろ液を酢酸鉛(Ⅱ)水溶液に加える。

③ 試料を完全燃焼させたときに発生する気体を，水酸化カルシウム水溶液に通じる。

④ 試料を完全燃焼させたときに生成する物質を冷却し，生じた液体を硫酸銅(Ⅱ)無水塩に接触させる。

⑤ 試料を水酸化ナトリウムまたはソーダ石灰と混合して加熱し，発生した気体を湿らせた赤色リトマス紙に接触させる。　　　　　　　　　　　　　　　〈2011 年 追試〉

4 シス-トランス異性体 構造

次の化合物は植物精油の成分の一つである。この構造式で示される化合物にはシス-トランス(幾何)異性体はいくつあるか。後の①〜⑧のうちから一つ選べ。

$$CH_3-\underset{\underset{CH_3}{|}}{C}=CH-(CH_2)_2-\underset{\underset{CH_3}{|}}{C}=CH-(CH_2)_2-\underset{\underset{CH_3}{|}}{C}=CH-CH_2OH$$

① シス-トランス(幾何)異性体は存在しない
② 2　　③ 3　　④ 4　　⑤ 5　　⑥ 6　　⑦ 7　　⑧ 8　　〈2016 年 本試〉

5 炭化水素の異性体 構造

次の文中の [a]・[b] に当てはまる数の組合せとして最も適当なものを，右の①〜⑥のうちから一つ選べ。

分子式 C_4H_8 で表される炭化水素の構造異性体には，鎖状のものが [a] 種類存在し，環状のものが [b] 種類存在する。
〈2015 年 追試〉

	a	b
①	2	1
②	3	1
③	4	1
④	2	2
⑤	3	2
⑥	4	2

★ 6 異性体の数 構造

有機化合物の異性体に関する次の問い(a・b)に答えよ。

a　分子式 $C_4H_8O_2$ で表される化合物のうち，エステル結合をもつものはいくつ存在するか。正しい数を，次の①〜⑥のうちから一つ選べ。

① 1　　② 2　　③ 3　　④ 4　　⑤ 5　　⑥ 6

b　分子式 C_7H_7Cl で表される化合物のうち，ベンゼン環をもつものはいくつ存在するか。正しい数を，次の①〜⑥のうちから一つ選べ。

① 1　　② 2　　③ 3　　④ 4　　⑤ 5　　⑥ 6　　　　〈2016 年 追試〉

2 炭化水素・アルコール

Step 1 基礎 CHECK ～まずは基礎知識の確認を～

●**アルカン**…鎖式飽和炭化水素　一般式：$\boxed{\text{ア}}$

①$\boxed{\text{イ}}$**反応** ⇒ 光を照射すると，$\boxed{\text{イ}}$反応する

$$CH_4 \xrightarrow[\text{光}]{Cl_2} CH_3Cl \xrightarrow[\text{光}]{Cl_2} \boxed{\text{ウ}} \xrightarrow[\text{光}]{Cl_2} CHCl_3 \xrightarrow[\text{光}]{Cl_2} CCl_4$$

　　　メタン　　　クロロメタン　　ジクロロメタン　　$\boxed{\text{エ}}$　　　四塩化炭素

②**メタンの製法** ⇒ $\boxed{\text{オ}}$と水酸化ナトリウムを混合して加熱する

$$CH_3COONa + NaOH \longrightarrow CH_4 + \boxed{\text{カ}}$$

●**アルケン**…炭素間**二重結合**を１つもつ鎖式不飽和炭化水素　一般式：$\boxed{\text{キ}}$$(n \geq 2)$

①$\boxed{\text{ク}}$**反応**…不飽和結合の一部が切れ，ほかの原子(団)が結合する反応

$$CH_2=CH_2 \begin{cases} \xrightarrow{H_2} CH_3\text{-}CH_3 & \text{エタン} \\ \xrightarrow{Br_2} CH_2Br\text{-}CH_2Br & \boxed{\text{ケ}} \\ \xrightarrow{H_2O} \boxed{\text{コ}} & \text{エタノール} \end{cases}$$

エチレン
（エテン）

②**エチレンの酸化** ⇒ エチレンを触媒を用いて空気酸化すると，$\boxed{\text{サ}}$が得られる

$$2CH_2=CH_2 + O_2 \longrightarrow 2\boxed{\text{シ}}$$

●**アルキン**…炭素間**三重結合**を１つもつ鎖式不飽和炭化水素　一般式：$\boxed{\text{ス}}$$(n \geq 2)$

①$\boxed{\text{ク}}$**反応**，$\boxed{\text{ク}}$**重合**

$$CH \equiv CH \begin{cases} \xrightarrow{H_2} CH_2=CH_2 \text{ エチレン} \xrightarrow{\text{付加重合}} \{CH_2\text{-}CH_2\}_n \text{ ポリエチレン} \\ \xrightarrow{HCl} CH_2=CHCl \boxed{\text{セ}} \xrightarrow{\text{付加重合}} \boxed{\text{ソ}} \text{ ポリ}\boxed{\text{セ}} \\ \xrightarrow{CH_3COOH} \boxed{\text{タ}} \text{ 酢酸ビニル} \xrightarrow{\text{付加重合}} \boxed{\text{チ}} \text{ ポリ酢酸ビニル} \\ \xrightarrow{HCN} CH_2=CHCN \boxed{\text{ツ}} \xrightarrow{\text{付加重合}} \{CH_2\text{-}CH(CN)\}_n \text{ ポリ}\boxed{\text{ツ}} \\ \xrightarrow{H_2O} \binom{CH_2=CH(OH)}{\text{ビニルアルコール}} \xrightarrow{\text{異性化}} \boxed{\text{テ}} \boxed{\text{ト}} \end{cases}$$

アセチレン

②アセチレンを熱した鉄管に通すと，三分子重合し，$\boxed{\text{ナ}}$が得られる

●**アルコール**…分子内に **−OH**($\boxed{\text{三}}$**基**)をもつ有機化合物

①**アルコールの酸化**

・**第一級アルコールの酸化** ⇒ $\boxed{\text{ヌ}}$を経て$\boxed{\text{ネ}}$に変化する

$$CH_3\text{-}OH \xrightarrow{\text{酸化}} H\text{-}\underset{\substack{\| \\ O \\ \boxed{\text{ノ}}}}{C}\text{-}H \xrightarrow{\text{酸化}} H\text{-}\underset{\substack{\| \\ O \\ \boxed{\text{ハ}}}}{C}\text{-}OH$$

メタノール

$$CH_3\text{-}\underset{OH}{CH_2} \xrightarrow{\text{酸化}} CH_3\text{-}\underset{\substack{\| \\ O \\ \boxed{\text{ヒ}}}}{C}\text{-}H \xrightarrow{\text{酸化}} CH_3\text{-}\underset{\substack{\| \\ O \\ \text{酢酸}}}{C}\text{-}OH$$

エタノール

第5章

有機化合物

・第二級アルコールの酸化 ⇒ ﾌ に変化する

$$CH_3-\underset{\underset{OH}{|}}{CH}-CH_3 \xrightarrow{\text{酸化}} CH_3-\underset{\underset{\underset{\boxed{ヘ}}{O}}{\|}}{C}-CH_3$$

2-プロパノール

・第三級アルコールの酸化 ⇒ 酸化されにくい

②エタノールの脱水 ⇒ 濃硫酸（脱水剤）とともに加熱する

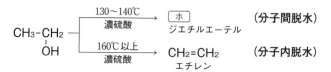

$$CH_3-\underset{\underset{OH}{|}}{CH_2} \begin{array}{l} \xrightarrow[\text{濃硫酸}]{130\sim140℃} \boxed{ホ} \quad \text{（分子間脱水）} \\ \qquad\qquad \text{ジエチルエーテル} \\ \xrightarrow[\text{濃硫酸}]{160℃以上} CH_2=CH_2 \quad \text{（分子内脱水）} \\ \qquad\qquad\quad \text{エチレン} \end{array}$$

●官能基の検出反応

①アルコールの検出 ⇒ 金属ナトリウムを加えると，ﾏ が発生

$$2CH_3OH + 2Na \longrightarrow 2\boxed{ミ} + H_2$$

②アルデヒドの検出 ⇒ ﾑ 性の利用

- ・フェーリング液の還元 ⇒ Cu^{2+} を含むフェーリング液にアルデヒドを加えて加熱すると，ﾒ 色の ﾓ （化学式 ﾔ ）が沈殿
- ・ﾕ 反応 ⇒ Ag^+ を含むアンモニア性硝酸銀水溶液にアルデヒドを加えて温めると，ﾖ が析出

③ CH_3CO-（アセチル基）または $CH_3CH(OH)-$ の検出 ⇒ ﾗ 反応

$$CH_3-\underset{\underset{O}{\|}}{C}- \quad \text{または} \quad CH_3-\underset{\underset{OH}{|}}{CH}- \quad \text{をもつ化合物にヨウ素と水酸化ナトリウムを加え}$$

て加熱すると，ﾘ 色の ﾗ （化学式 ﾙ ）が生成

※酢酸 CH_3COOH のように，CH_3CO- に O や N が結合した化合物は陰性

解答 ア：C_nH_{2n+2} イ：置換 ウ：CH_2Cl_2
エ：クロロホルム（トリクロロメタン） オ：酢酸ナトリウム カ：Na_2CO_3
キ：C_nH_{2n} ク：付加 ケ：1,2-ジブロモエタン コ：CH_3-CH_2-OH
サ：アセトアルデヒド シ：CH_3CHO ス：C_nH_{2n-2} セ：塩化ビニル
ソ：$-\!\!-[CH_2-CHCl]_n\!\!-\!\!-$ タ：$CH_2=CH-OCOCH_3$ チ：$-\!\!-[CH_2-CH(OCOCH_3)]_n\!\!-\!\!-$
ツ：アクリロニトリル テ：CH_3CHO ト：アセトアルデヒド
ナ：ベンゼン ニ：ヒドロキシ ヌ：アルデヒド ネ：カルボン酸
ノ：ホルムアルデヒド ハ：ギ酸 ヒ：アセトアルデヒド フ：ケトン
ヘ：アセトン ホ：$CH_3-CH_2-O-CH_2-CH_3$ マ：水素 ミ：CH_3ONa
ム：還元 メ：赤 モ：酸化銅（Ⅰ） ヤ：Cu_2O ユ：銀鏡 ヨ：銀
ラ：ヨードホルム リ：黄 ル：CHI_3

必要があれば，次の値を使うこと。原子量：H＝1.0，C＝12，O＝16，Br＝80

7 炭化水素 正誤

エタン，エチレン（エテン），アセチレンに関する記述として**誤りを含むもの**を，次の①～⑥のうちから一つ選べ。

① エタンは，常温・常圧で気体である。

② エタン分子の水素原子を塩素原子で置換した化合物には，不斉炭素原子をもつものが存在する。

③ エチレン分子の構成原子は，すべて同一平面上にある。

④ エチレン分子の異なる炭素原子に結合した水素原子を一つずつメチル基で置換した化合物には，シス－トランス異性体（幾何異性体）が存在する。

⑤ アセチレンは，臭素水を脱色する。

⑥ アセチレンは，触媒を用いて水素と反応させると，エチレンを経由してエタンになる。

〈2011 年 追試〉

★ 8 炭化水素の推定 計算

炭素数 7 の不飽和炭化水素を完全燃焼させたところ，308 mg の二酸化炭素と 108 mg の水が生成した。また，この炭化水素の不飽和結合のすべてに臭素 Br_2 を付加させたところ，生成物に含まれる Br の質量の割合は 77 ％であった。この炭化水素の構造として最も適当なものを，次の①～⑤のうちから一つ選べ。

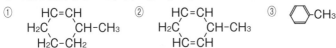

④ $CH_2＝CHCH_2CH_2CH_2CH_2CH_3$ ⑤ $CH_2＝CHCH_2CH_2CH_2CH＝CH_2$

〈2010 年 本試〉

9 エタノールの反応・性質 正誤

エタノールに関する記述として**誤りを含むもの**を，次の①～⑥のうちから一つ選べ。

① 糖類の発酵によって得ることができる。

② 水と任意の割合で溶け合う。

③ ナトリウムと反応させると，水素が発生する。

④ 硫酸酸性の二クロム酸カリウムで酸化すると，アセトアルデヒドが生成する。

⑤ ヨウ素および水酸化ナトリウム水溶液を加えて加熱すると，黄色沈殿が生成する。

⑥ フェーリング液を加えて加熱すると，赤色の酸化銅（Ⅰ）が析出する。 〈2016 年 追試〉

10 エタノールの酸化 知識 正誤

次の**操作1～5**からなる実験を行った。後の問い（**a・b**）に答えよ。

操作1 試験管 A にエタノールをとり，二クロム酸カリウム水溶液，希硫酸，沸騰石を入れた。

操作2　図のように試験管Aを加熱し，生じた
物質を水の入った試験管Bに捕集した。

操作3　試験管B中の水溶液の一部をとり，こ
れをフェーリング液と反応させた。

操作4　硝酸銀水溶液とアンモニア水を用いて，
別の試験管にアンモニア性硝酸銀水溶液を調製
した。

操作5　アンモニア性硝酸銀水溶液の入った試験
管に，試験管B中の水溶液の一部を加え，60
〜70℃に加熱した。

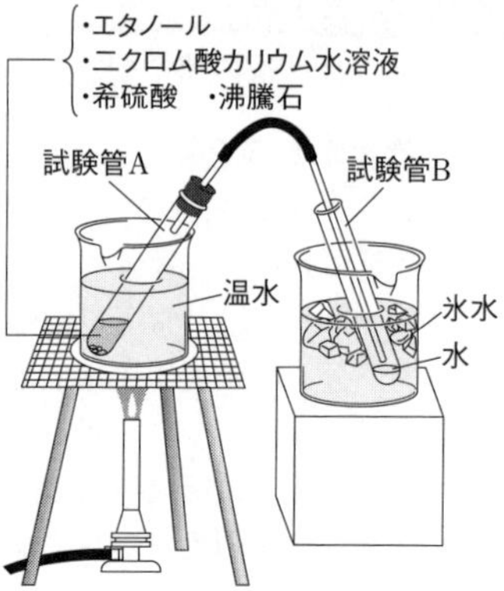

・エタノール
・二クロム酸カリウム水溶液
・希硫酸　・沸騰石
試験管A　試験管B
温水　氷水
水

a　この実験は換気のよい場所で行った。使用し
た試薬のうち，刺激臭をもつものを，次の①〜⑤のうちから一つ選べ。

①　二クロム酸カリウム水溶液　　②　希硫酸　　③　フェーリング液

④　硝酸銀水溶液　　⑤　アンモニア水

b　この実験に関連する記述として誤りを含むものを，次の①〜⑤のうちから一つ選べ。

①　操作1で，沸騰石を入れるのは，急激な沸騰（突沸）を防ぐためである。

②　操作2で，図のように試験管Bを氷冷するのは，生じた物質を確実に液化させる
ためである。

③　操作3で，フェーリング液と反応した物質は，ホルムアルデヒドである。

④　操作4で，アンモニア水が少ないと，褐色の沈殿が生じる。

⑤　操作5で，試験管の内壁に銀が析出した。　〈2013年 本試〉

[11] 脂肪族化合物の推定 知識

次の記述a〜cに当てはまる化合物を後のア〜カから
選び，その組合せとして最も適当なものを，右の①〜⑥
のうちから一つ選べ。

a　酸化するとホルムアルデヒドを生成するアルコール

b　還元すると2-ブタノールを生成するケトン

c　アセトアルデヒドを酸化すると生成するカルボン酸

	a	b	c
①	ア	イ	カ
②	ア	イ	オ
③	ア	エ	カ
④	ウ	イ	オ
⑤	ウ	エ	カ
⑥	ウ	エ	オ

ア　CH_3CH_2OH　　　イ　CH_3COCH_3　　　ウ　CH_3OH

エ　$CH_3COCH_2CH_3$　　オ　CH_3CH_2COOH　　カ　CH_3COOH　　〈2002年 追試〉

★ [12] 不飽和アルコールの推定 計算

示性式 C_mH_nOH で表される1価の鎖式不飽和アルコール（三重結合を含まない）42g
をナトリウムと完全に反応させたところ，水素0.25 molが発生した。このアルコール
21gに，触媒の存在下で水素を付加させたところ，すべてが飽和アルコールに変化した。
このとき消費された水素は標準状態で何Lか。最も適当な数値を，次の①〜⑥のうちか
ら一つ選べ。

①　2.8　　②　5.6　　③　11　　④　22　　⑤　34　　⑥　45　　〈2002年 本試〉

3 カルボン酸・エステル

●**カルボン酸**…分子内に **–COOH**(　ア　基)をもつ化合物

※カルボン酸は，炭酸より　イ　い酸で，**炭酸水素ナトリウム**を加えると，　ウ　が発生

$$RCOOH + NaHCO_3 \longrightarrow RCOONa + CO_2 + H_2O$$

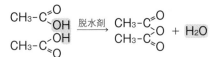

H-C-OH
　‖
　O
ギ酸

　CH₃
　｜
H-C-COOH
　｜
　OH
乳酸

①ギ酸…　エ　基をもつため，　オ　**性**を示す　⇒　**銀鏡反応**陽性

②乳酸…**ヒドロキシ基 –OH** をもつカルボン酸である　カ　の一種

　　⇒　**不斉炭素原子**をもつため，　キ　異性体が存在

③　ク　…酢酸に脱水剤を作用させて加熱すると得られる酸無水物

CH₃-C≷OH
CH₃-C≷OH　-- 脱水剤 --> CH₃-C≷O CH₃-C≷O + H₂O

④マレイン酸，フマル酸　⇒　　ケ　異性体の関係

例

H-C-COOH
‖
H-C-COOH
　コ　(シス形)

H-C-COOH
‖
HOOC-C-H
　サ　(トランス形)

　　⇒　　コ　を加熱すると，**分子内脱水**が起こり，　シ　が生成

H-C-C≷OH
‖　　O
H-C-C≷OH
　　O　-- 加熱 --> H-C-C≷O H-C-C≷O + H₂O

●**エステル**

・**エステル化**…**カルボン酸**と**アルコール**から脱水し，エステルが生じる反応

CH₃-C-OH + CH₃-CH₂-OH -- 濃硫酸/加熱 --> CH₃-C-O-CH₂-CH₃ + H₂O
　　‖　　　　　　　　　　　　　　　　　　　　　　　　　　‖
　　O　　　　　　　　　　　　　　　　　　　　　　　　　　O
　　　　　　　　　　　　　　　　　　　　　　　　　　　　　ス

※エステル化の逆反応を，　セ　という。

・　ソ　…**塩基**を用いてエステルを加水分解する反応

CH₃-C-O-CH₂-CH₃ + NaOH -- 加熱 --> CH₃-C-ONa + CH₃-CH₂-OH
　　‖　　　　　　　　　　　　　　　　　　　　　‖
　　O　　　　　　　　　　　　　　　　　　　　　O

●**油脂とセッケン**

・**油脂**…　タ　と　チ　のトリエステル

・**セッケン**…　チ　のナトリウム塩　⇒　**油脂のけん化**により生成

$$
\begin{array}{l}
\text{CH}_2\text{-OCOR}^1 \\
| \\
\text{CH}-\text{OCOR}^2 \\
| \\
\text{CH}_2\text{-OCOR}^3
\end{array}
\ +\ 3\text{NaOH}\ \xrightarrow{\text{けん化}}\
\begin{array}{l}
\text{CH}_2\text{-OH} \\
| \\
\text{CH}-\text{OH} \\
| \\
\text{CH}_2\text{-OH}
\end{array}
\ +\
\begin{array}{l}
\text{R}^1\text{COONa} \\
\text{R}^2\text{COONa} \\
\text{R}^3\text{COONa}
\end{array}
$$

油脂 　　　　　　　　　　　　　　　　グリセリン　　　　セッケン

①油脂の分類

　　　・脂肪……常温で ［ツ］ 体の油脂　⇒　［テ］ 脂肪酸の割合が**高い**（C=C が**少ない**）
　　　・脂肪油……常温で ［ト］ 体の油脂　⇒　［ナ］ 脂肪酸の割合が**高い**（C=C が**多い**）
　　　　　　　［二］油…空気中で固まる油脂
　　　　　　　［ヌ］油…空気中で固まらない油脂
　　・［ネ］油……脂肪油に Ni 触媒を用いて**水素を付加**して得られた脂肪

②セッケンの構造

　　・［ノ］剤…水の表面張力を低下させる物質

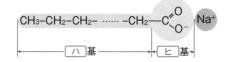 

　　・［フ］作用…界面活性剤が疎水基を油滴に向けて囲い込み，
　　　　　　　　　水中に分散させるはたらき（右図）

　　※セッケンは，水中では疎水基を**内**側，親水基を**外**側に向け，ミセルとよばれる大
　　　きな粒子（**会合コロイド**）を形成する。

③セッケンの性質

　　・弱［ヘ］**性**　⇒　タンパク質でできた**動物繊維**（羊毛，絹）を傷める
　　・［ホ］**水**（Ca^{2+} や Mg^{2+} を多く含む水）中で**沈殿**する
　　　　$2RCOO^- + Ca^{2+} \longrightarrow (RCOO)_2Ca \downarrow$

●**合成洗剤**　⇒　**中性**，硬水中で沈殿しない

　例　アルキルベンゼンスルホン酸ナトリウム

必要があれば，次の値を使うこと。原子量：H = 1.0, Br = 80

13 ギ酸 正誤

ギ酸に関する記述として**誤りを含むもの**を，次の①〜⑤のうちから一つ選べ。

① ホルミル（アルデヒド）基とカルボキシ基をもつ。
② 分子量が最も小さいカルボン酸である。
③ アンモニア性硝酸銀水溶液に加えると，銀が析出する。
④ アセトアルデヒドの酸化により得られる。
⑤ 炭酸水素ナトリウム水溶液を加えると，二酸化炭素が発生する。　　　〈2008 年 追試〉

14 エステルの加水分解と異性体 構造

分子式が $C_5H_{10}O_2$ のエステル A を加水分解すると，還元作用を示すカルボン酸 B とともにアルコール C が得られた。C の構造異性体であるアルコールは，C 自身を含めて何種類存在するか。正しい数を，次の①〜⑥のうちから一つ選べ。

① 1　　② 2　　③ 3　　④ 4　　⑤ 5　　⑥ 6　　　　　　　　　〈2017 年 本試〉

★ 15 ジエステルの構造決定 正誤 構造

次の文章を読み，後の問い（a・b）に答えよ。

分子式 $C_{10}H_{16}O_4$ で表されるエステル 1 mol を酸を触媒として加水分解すると，化合物 A 1 mol と化合物 B 2 mol が生成する。A にはシス-トランス（幾何）異性体が存在する。また，A を加熱すると，脱水反応が起こり，分子式 $C_4H_2O_3$ で表される化合物 C が得られる。B はヨードホルム反応を示す。また，B を酸化するとアセトンになる。

a　A，C に関する記述として正しいものを，次の①〜⑤のうちから一つ選べ。

① A は 2 価アルコールである。
② A はシス形の異性体である。
③ A の炭素原子間の二重結合に水素を付加させた化合物には，不斉炭素原子が存在する。
④ C には 6 個の原子からなる環が存在する。
⑤ C にはカルボキシ基が存在する。

b　B には，B 自身を含めて何種類の構造異性体が存在するか。正しい数を，次の①〜⑤のうちから一つ選べ。

① 1　　② 2　　③ 3　　④ 4　　⑤ 5　　　　　　　　　　　〈2010 年 本試〉

16

不飽和カルボン酸の付加反応 計算

ある不飽和カルボン酸 56.0 g に，臭素 Br_2（分子量 160）を完全に付加させたところ，152 g の生成物が得られた。また，この不飽和カルボン酸 56.0 g に触媒を用いて水素を完全に付加させ，飽和カルボン酸を得た。得られた飽和カルボン酸の質量〔g〕と，消費された水素の 0℃，1.013×10^5 Pa での体積〔L〕との組合せとして最も適当なものを，表の①〜④のうちから一つ選べ。

	飽和カルボン酸の質量〔g〕	水素の体積〔L〕
①	56.6	6.72
②	56.6	13.4
③	57.2	6.72
④	57.2	13.4

〈2000 年 本試〉

油脂 計算

1 種類の不飽和脂肪酸（RCOOH，R は鎖状の炭化水素基）からなる油脂 A 5.00×10^{-2} mol に水素を反応させ，飽和脂肪酸のみからなる油脂を得た。このとき消費された水素は 0℃，1.013×10^5 Pa で 6.72 L であった。この油脂 A 中の R の化学式として最も適当なものを，次の①〜⑤のうちから一つ選べ。

R-COO-CH₂
R-COO-CH
R-COO-CH₂
油脂 A

① $C_{15}H_{31}$　② $C_{15}H_{29}$　③ $C_{17}H_{33}$　④ $C_{17}H_{31}$　⑤ $C_{17}H_{29}$

〈2016 年 本試〉

18

界面活性剤 知識

界面活性剤に関する次の**実験Ⅰ・Ⅱ**について，後の問い（a・b）に答えよ。

実験Ⅰ　ビーカーにヤシ油（油脂）をとり，水酸化ナトリウム水溶液とエタノールを加えた後，均一な溶液になるまで温水中で加熱した。この溶液を飽和食塩水に注ぎよく混ぜると，固体が生じた。この固体をろ過により分離し，乾燥した。

実験Ⅱ　実験Ⅰで得られた固体の 0.5％水溶液 5 mL を，試験管アに入れた。これとは別に，硫酸ドデシルナトリウム（ドデシル硫酸ナトリウム）の 0.5％水溶液を 5 mL つくり，試験管イに入れた。試験管ア・イのそれぞれに 1 mol/L の塩化カルシウム水溶液を 1 mL ずつ加え，試験管内の様子を観察した。

a　実験Ⅰで飽和食塩水に溶液を注いだときに固体が生じたのは，どのような反応あるいは現象か。最も適当なものを，次の①〜⑥のうちから一つ選べ。

　① 中和　② 水和　③ けん化　④ 乳化　⑤ 浸透　⑥ 塩析

b　実験Ⅱで観察された試験管ア・イ内の様子の組合せとして最も適当なものを，次の①〜⑥のうちから一つ選べ。

	試験管ア内の様子	試験管イ内の様子
①	均一な溶液であった	油状物質が浮いた
②	均一な溶液であった	白濁した
③	油状物質が浮いた	均一な溶液であった
④	油状物質が浮いた	白濁した
⑤	白濁した	均一な溶液であった
⑥	白濁した	油状物質が浮いた

〈2017 年 本試〉

4 芳香族化合物

Step 1 基礎 CHECK ～まずは基礎知識の確認を～

●フェノール

①フェノールの性質

- ・炭酸より ア い酸性
- ・ イ 水溶液を加えると，**青紫色**に呈色

②フェノールの製法

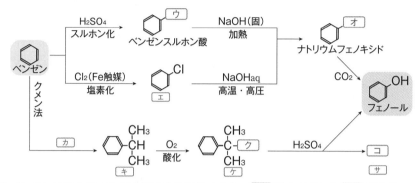

※ベンゼンに**光**を当てながら塩素を作用させると， シ 反応が起こり ス が生成

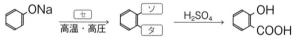

●サリチル酸

①サリチル酸の製法 ⇒ ナトリウムフェノキシドに高温・高圧で セ を作用させる

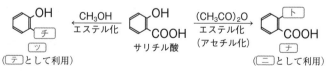

サリチル酸ナトリウム　　　　　サリチル酸

②サリチル酸の反応

（ テ として利用）

サリチル酸

（ ニ として利用）

●アニリン

①アニリンの性質

- ・ ヌ 性
- ・さらし粉水溶液を加えると，酸化されて ネ 色に呈色
- ・ニクロム酸カリウム水溶液を加えると， ノ が生成

②アニリンの製法 ⇒ ハ をスズ（または鉄）と塩酸で還元する

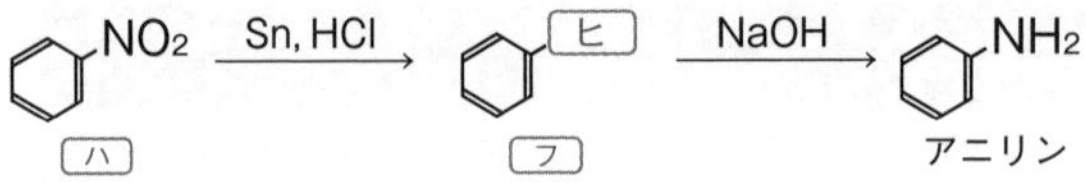

③アニリンのアセチル化

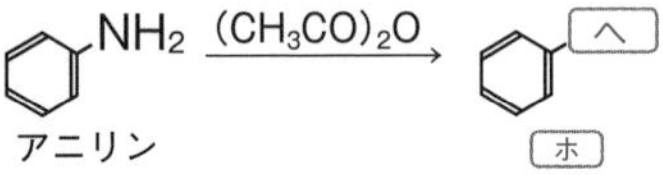

④アゾ染料合成

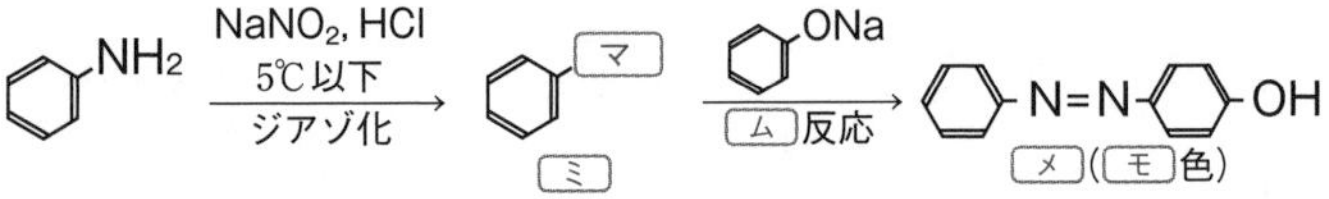

※ ミ は，5℃以上で分解し， ヤ に変化する

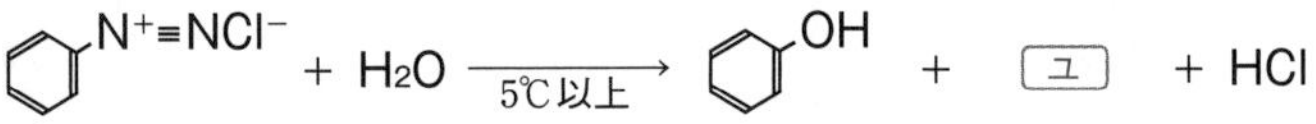

解答 ア：弱　イ：塩化鉄(Ⅲ)　ウ：SO₃H　エ：クロロベンゼン　オ：ONa
カ：CH₂=CH-CH₃　キ：クメン　ク：O-OH　ケ：クメンヒドロペルオキシド
コ：CH₃COCH₃　サ：アセトン　シ：付加
ス：1, 2, 3, 4, 5, 6-ヘキサクロロシクロヘキサン　セ：CO₂　ソ：OH　タ：COONa
チ：COOCH₃　ツ：サリチル酸メチル　テ：消炎塗布剤　ト：OCOCH₃
ナ：アセチルサリチル酸　ニ：解熱鎮痛剤　ヌ：弱塩基　ネ：赤紫
ノ：アニリンブラック　ハ：ニトロベンゼン　ヒ：NH₃Cl　フ：アニリン塩酸塩
ヘ：NHCOCH₃　ホ：アセトアニリド　マ：N⁺≡NCl⁻
ミ：塩化ベンゼンジアゾニウム　ム：ジアゾカップリング
メ：*p*-ヒドロキシアゾベンゼン(*p*-フェニルアゾフェノール)　モ：橙赤
ヤ：フェノール　ユ：N₂

Step 2　演習問題　～問題をこなし得点力をつけよう～　解答 ● 別冊 67 頁 ■■■■

19 フェノールの反応 構造

　フェノールまたはナトリウムフェノキシドの反応に関して，実験操作と，その反応で新しくつくられる炭素との結合の組合せとして**適当でないもの**を，次の①～⑤のうちから一つ選べ。　　　　〈2016 年 追試〉

	実験操作	新しくつくられる炭素との結合
①	フェノールに臭素水を加える。	C-Br
②	フェノールに濃硝酸と濃硫酸の混合物を加えて加熱する。	C-S
③	フェノールに無水酢酸を加える。	C-O
④	ナトリウムフェノキシドと二酸化炭素を高温・高圧の下で混合する。	C-C
⑤	ナトリウムフェノキシド水溶液を冷却した塩化ベンゼンジアゾニウム水溶液に加える。	C-N

サリチル酸の誘導体 A を合成する実験に関する次の文章を読み，後の問い(a・b)に答えよ。

サリチル酸とメタノールから A を合成する反応は，次のように表される。

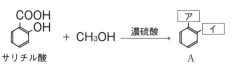

図に示すように，乾いた太い試験管にサリチル酸 0.5 g，メタノール 5 mL，濃硫酸 1 mL を入れ，沸騰石を加えた。この試験管に十分に長いガラス管を取りつけ，熱水の入ったビーカーの中で 30 分間熱した。この試験管の内容物を冷やした後，30 mL の ウ が入ったビーカーに少しずつ加えたところ，A が生成した。

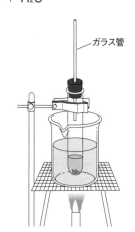

a A の構造式に示された ア ・ イ に当てはまる官能基と，文章中の ウ に当てはまる溶液の組合せとして最も適当なものを，次の①〜⑥のうちから一つ選べ。

	ア	イ	ウ
①	-COOH	-OCH$_3$	6 mol/L 水酸化ナトリウム水溶液
②	-COOCH$_3$	-OCH$_3$	6 mol/L 水酸化ナトリウム水溶液
③	-COOCH$_3$	-OH	6 mol/L 水酸化ナトリウム水溶液
④	-COOH	-OCH$_3$	飽和炭酸水素ナトリウム水溶液
⑤	-COOCH$_3$	-OCH$_3$	飽和炭酸水素ナトリウム水溶液
⑥	-COOCH$_3$	-OH	飽和炭酸水素ナトリウム水溶液

b この実験では，得られた A は微小な油滴として存在していたので，ピペットを使って A だけを取り出すことはできなかった。A をほかの内容物から分離し，取り出す方法として最も適当なものを，次の①〜⑤のうちから一つ選べ。

① ビーカーの内容物をろ過して，ろ紙の上に集める。

② ビーカーの内容物をろ過して，ろ液を蒸発皿に入れて溶媒を蒸発させる。

③ ビーカーの内容物にメタノールを加えてかき混ぜた後，溶液を蒸発皿に入れて溶媒を蒸発させる。

④ ビーカーの内容物を分液漏斗に移し，エーテルを加えて振り混ぜた後，静置して上層を取り出す。これを蒸発皿に入れて溶媒を蒸発させる。

⑤ ビーカーの内容物を分液漏斗に移し，エーテルを加えて振り混ぜた後，静置して下層を取り出す。これを蒸発皿に入れて溶媒を蒸発させる。

〈2008 年 本試〉

窒素原子を含む芳香族化合物に関する記述として下線部に**誤りを含むもの**を，次の①〜⑤のうちから一つ選べ。

① 5℃以下においてアニリンの希塩酸溶液に<u>亜硝酸ナトリウム水溶液</u>を加えると，塩化ベンゼンジアゾニウムが生成する。

② 塩化ベンゼンジアゾニウムが水と反応すると，<u>クロロベンゼンが生成する</u>。

③ アニリンに無水酢酸を反応させると，<u>アミド結合をもつ化合物</u>が生成する。

④ アニリンにさらし粉水溶液を加えると，<u>赤紫色を呈する</u>。

⑤ p–ヒドロキシアゾベンゼンには，<u>窒素原子間に二重結合が存在する</u>。〈2016年 追試〉

22 **芳香族化合物の分離** 知識

アニリン，サリチル酸，フェノールの混合物のエーテル溶液がある。各成分を次の操作により分離した。a〜c に当てはまる化合物の組合せとして最も適当なものを，後の①〜⑥のうちから一つ選べ。

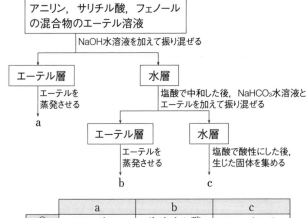

	a	b	c
①	アニリン	サリチル酸	フェノール
②	アニリン	フェノール	サリチル酸
③	フェノール	サリチル酸	アニリン
④	フェノール	アニリン	サリチル酸
⑤	サリチル酸	フェノール	アニリン
⑥	サリチル酸	アニリン	フェノール

〈2007年 本試〉

必要があれば，次の値を使うこと。原子量：H = 1.0，C = 12，O = 16

★ 23 脂肪族化合物の反応・性質

次の文章を読み，問1〜3に答えよ。

20世紀後半ごろからエネルギー源の主役が石炭から石油にかわった。それに伴って有機化学工業の原料も，石炭由来の化合物 A から，石油由来の化合物 B やプロペン（プロピレン）にかわっていった。たとえば，アセトアルデヒドは，以前は式(1)の反応で，触媒の存在下で A に水を付加してつくられていた。

$$\boxed{A} + H_2O \longrightarrow CH_3CHO \qquad \cdots(1)$$

現在は式(2)の反応で，触媒の存在下で B を酸化してつくられている。

$$2\boxed{B} + O_2 \longrightarrow 2CH_3CHO \qquad \cdots(2)$$

式(2)の反応で用いる触媒と同じ触媒を使った式(3)で示すプロペンの酸化反応では，主に化合物 C が生成し，アルデヒド D はほとんど生成しない。

$$2CH_2=CH-CH_3 + O_2 \longrightarrow 2\boxed{C} \quad \cdots(3)$$

C と D は互いに構造異性体の関係にあり，どちらもカルボニル基 $\diagdown C=O$ をもっている。

有機化合物を合成するときの炭素源を，石油から天然ガスにかえる動きもある。天然ガスに含まれるメタン CH_4 や，天然ガスからつくられる合成ガスに含まれる一酸化炭素 CO のような，炭素数1の化合物を原料にした有機工業化学を C1 化学という。たとえば，触媒の存在下で CO と水素 H_2 を反応させると化合物 E ができる。さらに E を触媒の存在下で CO と反応させると式(4)のように化合物 F が生成する。F は，アセトアルデヒドの酸化によっても生成する。

$$\boxed{E} + CO \longrightarrow \boxed{F} \qquad \cdots(4)$$

問1　A と B に関する記述として**誤りを含むもの**を，次の①〜⑤のうちから一つ選べ。

① 炭素原子間の距離は，A より B のほうが短い。

② A を臭素水に吹き込むと，臭素の色が消える。

③ A を構成する原子は，すべて同一直線上にある。

④ B は常温・常圧で気体である。

⑤ B は付加重合によって，高分子化合物になる。

問2　C と D に関する記述として**誤りを含むもの**を，次の①〜⑤のうちから一つ選べ。

① C はヨードホルム反応を示す。

② 酢酸カルシウムを乾留（熱分解）すると C が生成する。

③ クメン法ではフェノールとともに C が生成する。

④ D はフェーリング液を還元する。

⑤ 硫酸酸性の二クロム酸カリウム水溶液で 2-プロパノールを酸化すると D が生成する。

問3　EとFに当てはまる化学式として最も適当なものを，次の①～⑥のうちからそれ
ぞれ一つずつ選べ。

① CH₃OH　　② C₂H₅OH　　③ HCOOH

④ CH₃COOH　⑤ C₂H₅COOH　⑥ HCOOCH₃　　〈大学入学共通テスト試行調査〉

★ 24 ジカルボン酸の還元

　カルボン酸を適当な試薬を用いて還元すると，第一級アルコールが生成することが知
られている。カルボキシ基を2個もつジカルボン酸(2価カルボン酸)の還元反応に関す
る次の問い(a～c)に答えよ。

a　示性式 HOOC(CH₂)₄COOH のジカルボン酸を，ある試薬Xで還元した。反応を
途中で止めると，生成物として図1に示すヒドロキシ酸と2価アルコールが得られた。
ジカルボン酸，ヒドロキシ酸，2価アルコールの物質量の割合の時間変化を図2に示
す。グラフ中のA～Cは，それぞれどの化合物に対応するか。組合せとして最も適
当なものを，後の①～⑥のうちから一つ選べ。

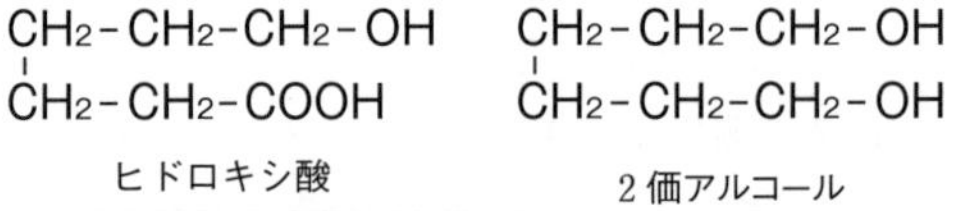

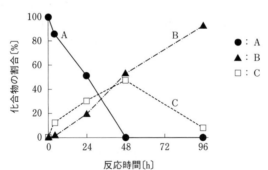

図1　ヒドロキシ酸と2価アルコールの構造式

図2　HOOC(CH₂)₄COOH の還元反応における反応時間と
　　　化合物の割合

	ジカルボン酸	ヒドロキシ酸	2価アルコール
①	A	B	C
②	A	C	B
③	B	A	C
④	B	C	A
⑤	C	A	B
⑥	C	B	A

b　示性式 $HOOC(CH_2)_2COOH$ のジカルボン酸を試薬 X で還元すると，炭素原子を 4 個もつ化合物 Y が反応の途中に生成した。Y は銀鏡反応を示さず，$NaHCO_3$ 水溶液を加えても CO_2 を生じなかった。また，86 mg の Y を完全燃焼させると，CO_2 176 mg と H_2O 54 mg が生成した。Y の構造式として最も適当なものを，次の①～⑥のうちから一つ選べ。

① $OHC-(CH_2)_2-CHO$　　② $HO-(CH_2)_3-COOH$

③ $CH_2=CH-CH_2-COOH$　　④

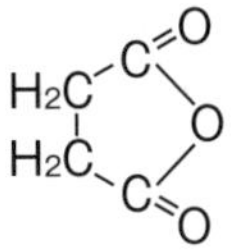

$$\begin{array}{c} H_2C-C\diagdown^{O} \\ \quad\quad\quad\diagup O \\ H_2C-C\diagup_{O} \end{array}$$

⑤

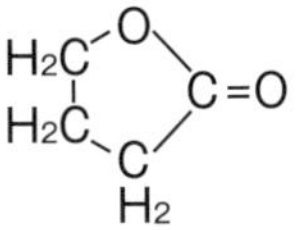

$$\begin{array}{c} H_2C-O\diagdown \\ \quad\quad\quad C=O \\ H_2C-C\diagup \\ \quad\,H_2 \end{array}$$

⑥

$$\begin{array}{c} H_2C-O\diagdown \\ \quad\quad\quad CH-OH \\ H_2C-C\diagup \\ \quad\,H_2 \end{array}$$

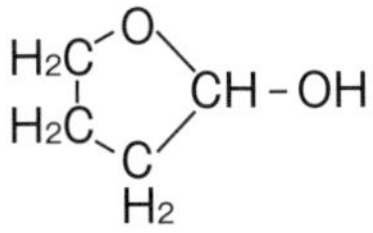

c　分子式 $C_5H_8O_4$ をもつジカルボン酸は，図 3 に示すように，立体異性体を区別しないで数えると 4 種類存在する。これら 4 種類のジカルボン酸を還元して生成するヒドロキシ酸 $C_5H_{10}O_3$ は，立体異性体を区別しないで数えると ア 種類あり，そのうち不斉炭素原子をもつものは イ 種類存在する。空欄 ア ・ イ に当てはまる数の組合せとして最も適当なものを，後の①～⑧のうちから一つ選べ。

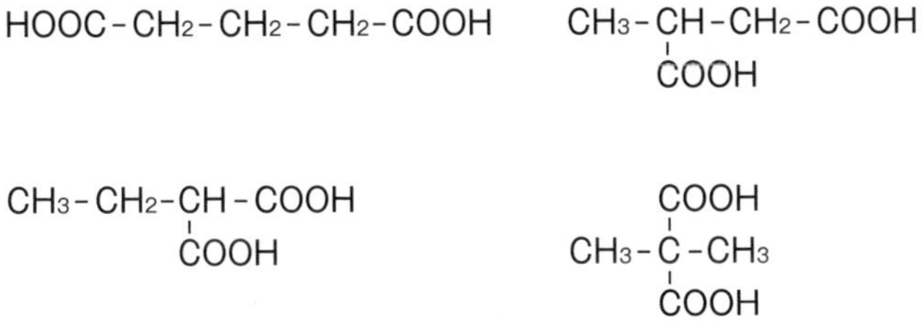

$HOOC-CH_2-CH_2-CH_2-COOH$　　　$\begin{array}{c} CH_3-CH-CH_2-COOH \\ \quad\quad\,|\\ \quad\quad COOH \end{array}$

$\begin{array}{c} CH_3-CH_2-CH-COOH \\ \quad\quad\quad\quad | \\ \quad\quad\quad\quad COOH \end{array}$　　　$\begin{array}{c} COOH \\ | \\ CH_3-C-CH_3 \\ | \\ COOH \end{array}$

図 3　4 種類のジカルボン酸 $C_5H_8O_4$ の構造式

	ア	イ
①	4	0
②	4	1
③	5	2
④	5	3
⑤	6	4
⑥	6	5
⑦	8	6
⑧	8	7

〈2022 年 本試〉

グリセリンの三つのヒドロキシ基がすべて脂肪酸によりエステル化された化合物をトリグリセリドと呼び，その構造は図1のように表される。

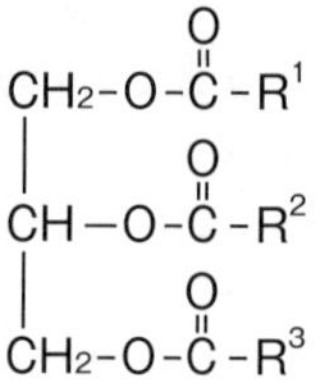

あるトリグリセリドX(分子量882)の構造を調べることにした。(a)Xを触媒とともに水素と完全に反応させると，消費された水素の量から，1分子のXには4個のC=C結合があることがわかった。また，Xを完全に加水分解したところ，グリセリンと，脂肪酸A(炭素数18)と脂肪酸B(炭素数18)のみが得られ，AとBの物質量比は1：2であった。トリグリセリドXに関する次の問い(a〜c)に答えよ。

$$CH_2-O-\overset{\overset{O}{\|}}{C}-R^1$$
$$CH-O-\overset{\overset{O}{\|}}{C}-R^2$$
$$CH_2-O-\overset{\overset{O}{\|}}{C}-R^3$$

図1 トリグリセリドの構造
(R^1, R^2, R^3 は鎖式炭化水素基)

a 下線部(a)に関して，44.1gのXを用いると，消費される水素は何molか。その数値を小数第2位まで次の形式で表すとき，□1□〜□3□に当てはまる数字を，後の①〜⓪のうちから一つずつ選べ。ただし，同じものを繰り返し選んでもよい。また，XのC=C結合のみが水素と反応するものとする。

  □1□.□2□□3□ mol

① 1 ② 2 ③ 3 ④ 4 ⑤ 5
⑥ 6 ⑦ 7 ⑧ 8 ⑨ 9 ⓪ 0

b トリグリセリドXを完全に加水分解して得られた脂肪酸Aと脂肪酸Bを，硫酸酸性の希薄な過マンガン酸カリウム水溶液にそれぞれ加えると，いずれも過マンガン酸イオンの赤紫色が消えた。脂肪酸A(炭素数18)の示性式として最も適当なものを，次の①〜⑤のうちから一つ選べ。

① $CH_3(CH_2)_{16}COOH$

② $CH_3(CH_2)_7CH=CH(CH_2)_7COOH$

③ $CH_3(CH_2)_4CH=CHCH_2CH=CH(CH_2)_7COOH$

④ $CH_3CH_2CH=CHCH_2CH=CHCH_2CH=CH(CH_2)_7COOH$

⑤ $CH_3CH_2CH=CHCH_2CH=CHCH_2CH=CHCH_2CH=CH(CH_2)_4COOH$

c トリグリセリドXをある酵素で部分的に加水分解すると，図2のように脂肪酸A，脂肪酸B，化合物Yのみが物質量比1：1：1で生成した。また，Xには鏡像異性体(光学異性体)が存在し，Yには鏡像異性体が存在しなかった。AをR^A-COOH，BをR^B-COOHと表すとき，図2に示す化合物Yの構造式において，□ア□・□イ□に当てはまる原子と原子団の組合せとして最も適当なものを，次ページの①〜④のうちから一つ選べ。

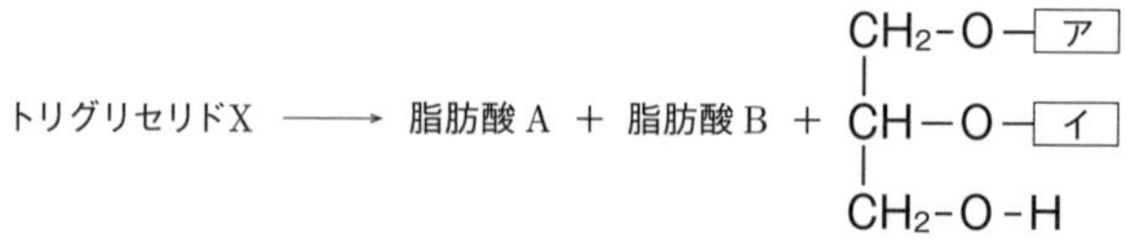

トリグリセリドX ──→ 脂肪酸A ＋ 脂肪酸B ＋

$$CH_2-O-\boxed{ア}$$
$$CH-O-\boxed{イ}$$
$$CH_2-O-H$$

化合物 Y

図2 ある酵素によるトリグリセリドXの加水分解

	ア	イ
①	$\overset{O}{\underset{\parallel}{C}}-R^A$	H
②	$\overset{O}{\underset{\parallel}{C}}-R^B$	H
③	H	$\overset{O}{\underset{\parallel}{C}}-R^A$
④	H	$\overset{O}{\underset{\parallel}{C}}-R^B$

〈2023 年 本試〉

★ 26 アセトアミノフェンの合成実験

次の文章を読み，問1～3に答えよ。

学校の授業でアニリンと無水酢酸からアセトアニリドをつくった生徒が，この反応を応用すれば，p-アミノフェノールと無水酢酸からかぜ薬の成分であるアセトアミノフェンが合成できるのではないかと考え，理科課題研究のテーマとした。

p-アミノフェノール　　無水酢酸　　　アセトアミノフェン　　　酢酸
分子量 109　　　　　分子量 102　　　　　分子量 151　　　　　分子量 60

以下は，この生徒の研究の経過である。

---

p-アミノフェノールの性質を調べたところ，次のことがわかった。
　・塩酸に溶ける。
　・塩化鉄(Ⅲ)水溶液，さらし粉水溶液のいずれでも呈色する。

そこで，p-アミノフェノール 2.18 g に無水酢酸 5.00 g を加え，加熱後室温に戻したところ，白色固体 X が得られた。(a) X は塩酸に不溶であったが，呈色反応を調べたところ，アセトアミノフェンではないと気づいた。

文献を調べると，水を加えて反応させるとよい，との情報が得られた。

そこで，p-アミノフェノール 2.18 g に水 20 mL と無水酢酸 5.00 g を加えて加熱後室温に戻したところ，塩酸に不溶の白色固体 Y が得られた。(b) Y の呈色反応の結果から，今度はアセトアミノフェンが得られたと考えた。融点を測定すると，文献の値より少し低かった。これは Y が不純物を含むためだと考え，Y を精製することにした。(c) Y に水を加えて加熱して完全に溶かし，ゆっくりと室温に戻して析出した固体をろ過，乾燥した。得られた固体 Z は 1.51 g であった。Z の融点は文献の値と一致した。以上のことから，Z は純粋なアセトアミノフェンであると結論づけた。

問1　下線部(a)と下線部(b)に関連して，この生徒はどのような呈色反応を観察したか。
その観察結果の組合せとして最も適当なものを，次の①～⑥のうちから一つ選べ。た
だし，選択肢中の○は呈色したことを，×は呈色しなかったことを表す。

	固体 X の呈色反応		固体 Y の呈色反応	
	塩化鉄(Ⅲ)	さらし粉	塩化鉄(Ⅲ)	さらし粉
①	○	×	×	×
②	○	×	×	○
③	×	○	×	×
④	×	○	○	×
⑤	×	×	○	×
⑥	×	×	×	○

問2　化学反応では，反応物がすべて目的の生成物になるとは限らない。反応物の物質
量と反応式から計算して求めた生成物の物質量に対する，実際に得られた生成物の物
質量の割合を収率といい，ここでは次の式で求められる。

$$収率 [\%] = \frac{実際に得られたアセトアミノフェンの物質量 [mol]}{反応式から計算して求めたアセトアミノフェンの物質量 [mol]} \times 100$$

この実験で得られた純粋なアセトアミノフェンの収率は何%か。最も適当な数値を，
次の①～⑤のうちから一つ選べ。

①　34　　②　41　　③　50　　④　69　　⑤　72

問3　下線部(c)の操作の名称と，固体 Z に比べて固体 Y 融点が低かったことに関連
する語の組合せとして最も適当なものを，次の①～⑥のうちから一つ選べ。

	操作の名称	関連する語
①	凝析	過冷却
②	凝析	凝固点降下
③	抽出	過冷却
④	抽出	凝固点降下
⑤	再結晶	過冷却
⑥	再結晶	凝固点降下

〈大学入学共通テスト試行調査〉

第6章 高分子化合物

1 天然高分子化合物

Step 1 基礎 CHECK　〜まずは基礎知識の確認を〜

●糖類

	分子式	化合物名	還元性	分解酵素	構成
単糖	$C_6H_{12}O_6$	グルコース	あり		
		フルクトース	ア		
		イ	あり		
二糖	ウ	マルトース	あり	エ	α-グルコース + グルコース
		スクロース	オ	カ	α-グルコース + キ
		ク	あり	ラクターゼ	β- ケ + グルコース
		コ	サ	セロビアーゼ	β-グルコース + グルコース
多糖	シ	デンプン	なし	ス	α-グルコースの縮合重合体
		セルロース	なし	セルラーゼ	β-グルコースの縮合重合体

・ セ …スクロースの加水分解で生じるグルコースとフルクトースの等量混合物

※ ス ，セルラーゼは，デンプン，セルロースを二糖までしか加水分解できない

① グルコースの構造

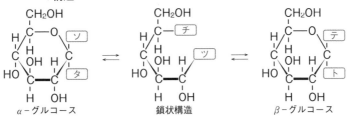

α-グルコース　　　　　鎖状構造　　　　　β-グルコース

② デンプンの種類

・ ナ …枝分かれをもたないデンプン(直鎖状)。熱水に**溶けやすい**

・ ニ …枝分かれを多くもつデンプン。熱水に**溶けにくい**

・ ヌ (動物デンプン)…肝臓などに多く含まれる多糖。枝分かれが多い

・ ヨウ素デンプン反応…デンプン水溶液にヨウ素ヨウ化カリウム水溶液を加えると，

　　　　　　　ネ 色に呈色(アミロース： ノ 色　　アミロペクチン： ハ 色)

③ セルロースの反応

・ 混酸(濃硝酸+濃硫酸)との反応　⇒　**ニトロセルロースの生成**

$$[C_6H_7O_2(OH)_3]_n + 3n\ HNO_3 \longrightarrow\ \boxed{ヒ}\ + 3n\ H_2O$$
　　　　　　　　　　　　トリニトロセルロース

・ 無水酢酸との反応　⇒　**アセチルセルロースの生成**

$$[C_6H_7O_2(OH)_3]_n + 3n\ (CH_3CO)_2O \longrightarrow [\mathbf{C_6H_7O_2(OCOCH_3)_3}]_n + 3n\ CH_3COOH$$
　　　　　　　　　　　　　　　　　　　　　　　フ

●**アミノ酸・タンパク質**

① α-アミノ酸…同一の炭素原子にアミノ基(塩基性)とカルボキシ基 $\underset{NH_2}{\overset{R}{H-C-COOH}}$
(酸性)が結合した有機化合物

※側鎖 R の種類により，約 ヘ 種のアミノ酸が天然に存在する。

・アミノ酸の電離平衡 ⇒ アミノ酸は，pH により，イオンの構造が変化する

$$\underset{\substack{NH_3^+ \\ \text{陽イオン}}}{\overset{R}{H-C-COOH}} \underset{H^+}{\overset{OH^-}{\rightleftarrows}} \underset{\substack{NH_3^+ \\ \boxed{\text{ホ}}\text{イオン}}}{\overset{R}{H-C-COO^-}} \underset{H^+}{\overset{OH^-}{\rightleftarrows}} \underset{\substack{NH_2 \\ \text{陰イオン}}}{\overset{R}{H-C-COO^-}}$$

・ マ …アミノ酸水溶液の電荷の総和が 0 になる pH

②**タンパク質**…分子量が大きく，生体内で特有の機能をもつポリペプチド

$\Big\{$ ・単純タンパク質…加水分解すると，アミノ酸のみが生じるタンパク質
・ ミ …加水分解すると，アミノ酸のほかに，糖類，色素，リン酸，脂質，核酸
などを生じるタンパク質

・タンパク質の二次構造 ⇒ ペプチド結合の NH…O=C 間の ム 結合で立体保持
例 メ 構造(らせん状)，β-シート構造

・タンパク質の モ …タンパク質に熱，酸，塩基，有機溶媒，重金属イオンなどを加え
ると，凝固・沈殿する ⇒ タンパク質の立体構造が崩れるため

③**アミノ酸・タンパク質の呈色反応**

・ニンヒドリン反応 ⇒ **アミノ酸，タンパク質の水溶液にニンヒドリン溶液**を加
えて加熱すると， ヤ 色に呈色

・ ユ 反応 ⇒ **タンパク質水溶液**(トリペプチド以上)**に水酸化ナトリウム水溶**
液と硫酸銅(II)水溶液を加えると， ヨ 色に呈色

・ ラ 反応 ⇒ **ベンゼン環をもつアミノ酸，タンパク質水溶液に** リ を加えて
加熱すると， ル 色に呈色。さらにアンモニア水を加えて塩基性
にすると，**橙黄色**に呈色

・**硫黄の検出反応** ⇒ **S をもつアミノ酸，タンパク質水溶液に水酸化ナトリウム**
水溶液を加えて加熱し，**酢酸鉛(II)水溶液**を加えると，
レ 色(=**PbS** 沈殿生成)に呈色

解答 ア：あり イ：ガラクトース ウ：$C_{12}H_{22}O_{11}$ エ：マルターゼ オ：なし
カ：インベルターゼ(スクラーゼ) キ：β-フルクトース ク：ラクトース
ケ：ガラクトース コ：セロビオース サ：あり シ：$(C_6H_{10}O_5)_n$
ス：アミラーゼ セ：転化糖 ソ：H タ：OH チ：OH ツ：CHO テ：OH
ト：H ナ：アミロース ニ：アミロペクチン ヌ：グリコーゲン
ネ：青紫 ノ：濃青 ハ：赤紫 ヒ：$[C_6H_7O_2(ONO_2)_3]_n$
フ：トリアセチルセルロース ヘ：20 ホ：双性 マ：等電点
ミ：複合タンパク質 ム：水素 メ：α-ヘリックス モ：変性 ヤ：紫
ユ：ビウレット ヨ：赤紫 ラ：キサントプロテイン リ：濃硝酸 ル：黄 レ：黒

Step 2 演習問題 ~問題をこなし得点力をつけよう~ 解答 ▶ 別冊 74 頁

必要があれば，次の値を使うこと。原子量：H = 1.0，O = 16

1 糖類 正誤

糖に関する記述として下線部に**誤りを含むもの**を，次の①~⑤のうちから一つ選べ。

① 単糖であるグルコースの分子式は $C_6H_{12}O_6$ なので，グルコース単位からなる二糖のマルトースの分子式は $\underline{C_{12}H_{24}O_{12}}$ となる。

② スクロースから得られる転化糖は，還元性を示す。

③ α-グルコースと β-グルコースは，互いに立体異性体である。

④ 単糖であるグルコースとフルクトースは，互いに構造異性体である。

⑤ グルコースの鎖状構造と環状構造では，不斉炭素原子の数が異なる。 〈2016 年 本試〉

★ 2 デキストリン 計算

複数のグルコース分子がグリコシド結合を形成して環状構造になったものをシクロデキストリンという。右の図に示すシクロデキストリン 0.10 mol を完全に加水分解すると，グルコースのみが得られた。このとき反応した水は何 g か。最も適当な数値を，次の①~⑥のうちから一つ選べ。

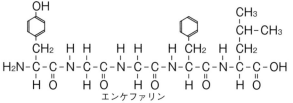

① 1.8 ② 3.6
③ 5.4 ④ 7.2
⑤ 9.0 ⑥ 10.8 〈2015 年 本試〉

（六員環の炭素原子 C とこれに結合する水素原子 H は省略してある）

3 ペプチドの呈色反応 知識

次の構造式で示される化合物エンケファリンは，脳内鎮痛ペプチドである。この化合物に対して**実験Ⅰ**および**実験Ⅱ**を行った。これらの実験の結果として最も適当なものを，後の①~⑤のうちから一つずつ選べ。ただし，同じものを選んでもよい。

エンケファリン

実験Ⅰ：水酸化ナトリウム水溶液と少量の薄い硫酸銅(Ⅱ)水溶液を加えた。
実験Ⅱ：濃硝酸を加えて加熱した。

① 赤紫色になった。 ② 黄色になった。 ③ 黒色沈殿を生じた。
④ 白色沈殿を生じた。 ⑤ 色の変化はなく，沈殿も生じなかった。 〈2015 年 追試〉

　次の３種類のジペプチドA～Cの水溶液を，下の図のようにpH 6.0の緩衝液で湿らせたろ紙に別々につけ，直流電圧をかけて電気泳動を行った。泳動後にニンヒドリン溶液をろ紙に吹きつけて加熱し，ジペプチドA～Cを発色させたところ，陰極側へ移動したもの，ほとんど移動しなかったもの，陽極側へ移動したものがあった。その組合せとして最も適当なものを，後の①～⑥のうちから一つ選べ。

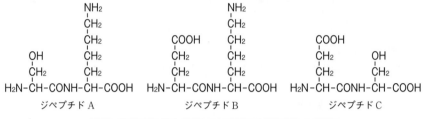

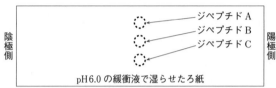

pH 6.0の緩衝液で湿らせたろ紙

	陰極側へ移動した ジペプチド	ほとんど移動しな かったジペプチド	陽極側へ移動した ジペプチド
①	A	B	C
②	A	C	B
③	B	A	C
④	B	C	A
⑤	C	A	B
⑥	C	B	A

〈2015年 追試〉

★ 5 ペプチドの成分元素による分析 知識

ジペプチド A は，図1に示すアスパラギン酸，システイン，チロシンの3種類のアミノ酸のうち，同種あるいは異種のアミノ酸が脱水縮合した化合物である。ジペプチド A を構成しているアミノ酸の種類を決めるために，アスパラギン酸，システイン，チロシン，ジペプチド A の成分元素の含有率を質量パーセント〔%〕で比較したところ，図2のようになった。ジペプチド A を構成しているアミノ酸の組合せとして最も適当なものを，後の①〜⑥のうちから一つ選べ。

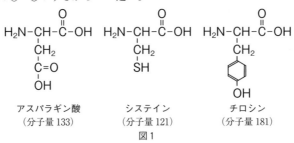

アスパラギン酸
（分子量 133）

システイン
（分子量 121）

チロシン
（分子量 181）

図1

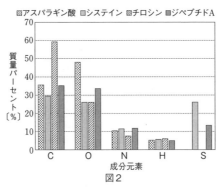

図2

① アスパラギン酸とアスパラギン酸 　② アスパラギン酸とシステイン

③ アスパラギン酸とチロシン 　④ システインとシステイン

⑤ システインとチロシン 　⑥ チロシンとチロシン 　〈2019年 本試〉

● **ポリエステル・ポリアミド**

① ポリエチレンテレフタラート… ア とエチレングリコールの**縮合重合**で得られる
ポリエステル

$$n\ HO-\overset{O}{\overset{\|}{C}}-\langle\ \rangle-\overset{O}{\overset{\|}{C}}-OH + n\ \boxed{イ} \longrightarrow \left[\overset{O}{\overset{\|}{C}}-\langle\ \rangle-\overset{O}{\overset{\|}{C}}-O-(CH_2)_2-O\right]_n + 2n\ H_2O$$

　　 ア 　　　エチレングリコール　　　ポリエチレンテレフタラート

② ナイロン 66… ウ とヘキサメチレンジアミンの**縮合重合**で得られるポリアミド

$$n\ HO-\overset{O}{\overset{\|}{C}}-(CH_2)_4-\overset{O}{\overset{\|}{C}}-OH + n\ \boxed{エ}$$

　　　　　 ウ 　　　　ヘキサメチレンジアミン

$$\longrightarrow \left[\overset{O}{\overset{\|}{C}}-(CH_2)_4-\overset{O}{\overset{\|}{C}}-\overset{H}{\overset{\|}{N}}-(CH_2)_6-\overset{H}{\overset{\|}{N}}\right]_n + 2n\ H_2O$$

　　　　　　　　　　　ナイロン 66

③ ナイロン 6… オ の カ **重合**で得られるポリアミド

$$n\ H_2C\overset{CH_2-CH_2-C=O}{\underset{CH_2-CH_2-N-H}{\big\langle}} \longrightarrow \left[\overset{O}{\overset{\|}{C}}-\boxed{キ}-N\right]_n$$

　　　　　　 オ 　　　　　　　　　ナイロン 6

● **ビニロン**… ク のヒドロキシ基の一部を ケ で コ 化した，適度な サ 性をもつ繊維

$$\left[CH_2-CH\atop OCOCH_3\right]_n \xrightarrow{NaOH} \left[CH_2-CH\atop OH\right]_n \xrightarrow{HCHO} \cdots -CH_2-CH-CH_2-CH-CH_2-CH-\cdots$$
$$\overset{}{\underset{\boxed{ス}}{}}\qquad OH$$

　　　　 シ 　　　　　　　　　　 ク 　　　　　　　　ビニロン

● **合成樹脂**

① セ 性樹脂…熱を加えると，軟らかくなる合成樹脂 ⇒ ソ 状構造をもつ

　例 付加重合で得られるもの(ポリプロピレン，ポリ塩化ビニルなど)，
　　ポリエチレンテレフタラート，ナイロンなど

② タ 性樹脂…熱を加えると，硬くなる樹脂 ⇒ チ 状構造をもつ

　例 　 ツ 樹脂　　　　　 テ 樹脂　　　　　　　 ト 樹脂

※熱硬化性樹脂は，**ホルムアルデヒド**との ナ で合成する。

●イオン交換樹脂

※スチレンと 二 を共重合した樹脂に置換基を導入して合成する

①**陽イオン交換樹脂**…水溶液中の陽イオンと**水素イオン H^+** を交換する

⇒ ヌ 基($-SO_3H$)のような ネ 性の官能基を多数もつ

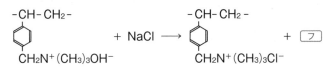

②**陰イオン交換樹脂**…水溶液中の陰イオンと**水酸化物イオン OH^-** を交換する

⇒ $-N^+(CH_3)_3OH^-$ のような ヒ 性の官能基を多数もつ

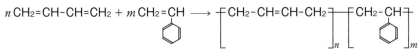

●ゴム…大きな弾性(ゴム弾性)をもつ高分子化合物 ⇒ すべて ヘ 重合で得られる

$$n\ CH_2=\overset{X}{\underset{}{C}}-CH=CH_2 \longrightarrow \left[CH_2-\overset{X}{\underset{}{C}}=CH-CH_2\right]_n$$

X=H : ホ ゴム
X=CH_3: マ ゴム
X=Cl : クロロプレンゴム

※ゴムは，C=C をもつため， ミ 異性体があり， ム 形のほうが**ゴム弾性が大きい**

・ メ …天然ゴム(生ゴム)に硫黄を加えて加熱し，ゴム弾性を大きくする操作

⇒ ゴムの分子間に硫黄原子が モ 構造を形成するため

・ ヤ ゴム(SBR)…スチレンとブタジエンを共重合して得られる

$$n\ CH_2=CH-CH=CH_2 + m\ CH_2=CH \longrightarrow \left[CH_2-CH=CH-CH_2\right]_n\left[CH_2-CH\right]_m$$

※ブタジエンとアクリロニトリルの共重合体を，**アクリロニトリル-ブタジエンゴム(NBR)**という。

解答 ア：テレフタル酸 イ：$HO-CH_2-CH_2-OH$ ウ：アジピン酸
エ：$H_2N-(CH_2)_6-NH_2$ オ：(ε-)カプロラクタム カ：開環 キ：$(CH_2)_5$
ク：ポリビニルアルコール ケ：ホルムアルデヒド コ：アセタール サ：吸湿
シ：ポリ酢酸ビニル ス：$O-CH_2-O$ セ：熱可塑 ソ：直鎖 タ：熱硬化
チ：立体網目 ツ：フェノール テ：尿素 ト．メラミン ナ：付加縮合
ニ：p-ジビニルベンゼン ヌ：スルホ ネ：酸 ノ：SO_3Na ハ：HCl
ヒ：塩基 フ：NaOH ヘ：付加 ホ：ブタジエン マ：イソプレン
ミ：シス-トランス(幾何) ム：シス メ：加硫 モ：架橋
ヤ：スチレン-ブタジエン

必要があれば，次の値を使うこと。原子量：H＝1.0，C＝12，O＝16

6 合成高分子化合物の構造 [構造]

次の記述(a・b)に当てはまる高分子の構造の一部として最も適当なものを，後の①〜⑤のうちから一つずつ選べ。

a イオン交換樹脂として用いられる高分子

b 天然ゴム(生ゴム)の主成分である高分子

① $\cdots$-C-CH$_2$-CH$_2$-CH$_2$-CH$_2$-CH$_2$-NH-$\cdots$ ② $\cdots$-CH$_2$-CH-CH$_2$-CH-$\cdots$
        O   Cl   Cl

③ $\cdots$-CH$_2$-CH-CH$_2$-CH-$\cdots$ ④ $\cdots$-CH$_2$-C=CH-CH$_2$-CH$_2$-C=CH-CH$_2$-$\cdots$
           CH$_3$ CH$_3$ CH$_3$ CH$_3$

⑤ $\cdots$-CH$_2$-CH-CH$_2$-CH-CH$_2$-CH-$\cdots$

       SO$_3$H   SO$_3$H

$\cdots$-CH-CH$_2$-CH-CH$_2$-$\cdots$

            SO$_3$H

〈2015 年 追試〉

7 合成高分子化合物の種類 [知識]

次の記述(ア〜ウ)のいずれにも当てはまらない高分子化合物を，後の①〜⑦のうちから一つ選べ。

ア 合成に HCHO を用いる。

イ 縮合重合で合成される。

ウ 窒素原子を含む。

① 尿素樹脂   ② ビニロン   ③ ナイロン 66   ④ ポリスチレン

⑤ フェノール樹脂   ⑥ ポリエチレンテレフタラート(PET)

⑦ ポリアクリロニトリル   〈2016 年 追試〉

8 合成高分子化合物の合成法 [正誤]

高分子化合物に関する記述として**誤りを含むもの**を，次の①〜⑤のうちから一つ選べ。

① テレフタル酸は，ポリエチレンテレフタラートの原料である。

② ヘキサメチレンジアミンとアジピン酸を反応させると，ナイロン 66 が得られる。

③ ポリエチレンは，エチレングリコールの縮合重合により得られる。

④ ポリ酢酸ビニルの原料である酢酸ビニルは，アセチレンに酢酸を付加して得られる。

⑤ 塩化ビニルを付加重合させると，ポリ塩化ビニルが得られる。   〈2008 年 本試〉

★ 〔9〕 **ビニロン** 計算

次に示すように，ポリビニルアルコール（繰り返し単位 $\{CHOH\text{-}CH_2\}$ の式量 44）を
ホルムアルデヒドの水溶液で処理すると，ヒドロキシ基の一部がアセタール化されて，
ビニロンが得られる。ヒドロキシ基の 50％がアセタール化される場合，ポリビニルア
ルコール 88 g から得られるビニロンは何 g か。最も適当な数値を，後の①〜⑥のうちか
ら一つ選べ。

$$\cdots\text{-CH-CH}_2\text{-CH- CH}_2\text{-}\cdots\text{-CH-CH}_2\text{-CH- CH}_2\text{-}\cdots$$
$$\qquad\ \ \text{OH}\qquad \text{OH}\qquad\qquad\quad \text{OH}\qquad\ \text{OH}$$

ポリビニルアルコール

↓ ホルムアルデヒドの水溶液

$$\cdots\text{-CH-CH}_2\text{-CH- CH}_2\text{-}\cdots\text{-CH-CH}_2\text{-CH- CH}_2\text{-}\cdots$$
$$\qquad\ \ \text{O}\qquad\ \ \text{O}\qquad\qquad\qquad \text{OH}\qquad\ \text{OH}$$
$$\qquad\qquad \text{CH}_2$$

ビニロン

① 91 ② 94 ③ 96 ④ 98 ⑤ 100 ⑥ 102 〈2015 年 本試〉

★ 〔10〕 **合成ゴム** 計算

アクリロニトリル（C_3H_3N）とブタジエン（C_4H_6）を共重合させてアクリロニトリル −
ブタジエンゴムをつくった。このゴム中の炭素原子と窒素原子の物質量の比を調べたと
ころ，19：1 であった。共重合したアクリロニトリルとブタジエンの物質量の比（アク
リロニトリルの物質量：ブタジエンの物質量）として最も適当なものを，次の①〜⑦の
うちから一つ選べ。

① 4：1 ② 3：1 ③ 2：1 ④ 1：1
⑤ 1：2 ⑥ 1：3 ⑦ 1：4 〈2016 年 本試〉

〔11〕 **合成高分子化合物の分子量計算** 計算

右の高分子化合物 A は両端に
カルボキシ基をもち，テレフタル
酸とエチレングリコールを適切な

$$\text{HO}\{C\text{-}\bigcirc\text{-}C\text{-}O\text{-}(CH_2)_2\text{-}O\}_n C\text{-}\bigcirc\text{-}C\text{-}OH$$
$$\qquad\ \ \text{O}\qquad\quad \text{O}\qquad\qquad\qquad\qquad \text{O}\qquad\quad \text{O}$$

高分子化合物 A

物質量の比で縮合重合させることによって得られた。1.00 g の A には 1.2×10^{19} 個のカ
ルボキシ基が含まれていた。A の平均分子量はいくらか。最も適当な数値を，次の①〜
⑥のうちから一つ選べ。ただし，アボガドロ数を 6.0×10^{23} とする。

① 2.5×10^4 ② 5.0×10^4 ③ 1.0×10^5
④ 2.5×10^5 ⑤ 5.0×10^5 ⑥ 1.0×10^6 〈2019 年 本試〉

必要があれば，次の値を使うこと。原子量：H＝1.0，C＝12，O＝16
気体定数：$R＝8.3×10^3〔Pa·L/(mol·K)〕$

★ **12 浸透圧による高分子化合物の分子量測定**

　低分子化合物の希薄水溶液の浸透圧は，溶液の $\boxed{ア}$ と絶対温度に比例する。これを $\boxed{イ}$ の法則という。一方，高分子化合物においては，溶質の濃度が大きくなるほど理想溶液からのずれが大きくなり，$\boxed{イ}$ の法則は成立しない。しかし，濃度が小さくなるにつれて理想溶液に近づき，限りなくゼロに近い濃度の理想希薄溶液で $\boxed{イ}$ の法則が成立する。そこで，種々の濃度 $W〔g/L〕$ における高分子溶液の浸透圧 $\Pi〔Pa〕$ を測定し，横軸を W，縦軸を $\dfrac{\Pi}{W}$ としてグラフを作成すると直線になり，その y 切片から理想希薄溶液における溶質の分子量を計算することができる。

（実験）　$n〔mol〕$ のテレフタル酸と $n〔mol〕$ のエチレングリコールから重合度 x のポリエチレンテレフタラート（PET）139 g を得た。得られた PET の平均分子量 M_x を求めるために，$W〔g〕$ の PET を適当な溶媒に溶かして 1 L にし，27℃でその溶液の浸透圧 $\Pi〔Pa〕$ を測定した結果を次の表 1 に示す。

$W〔g/L〕$	$\Pi〔Pa〕$	$\dfrac{\Pi}{W}$
0.500	$0.950×10^2$	$1.90×10^2$
1.00	$2.00 ×10^2$	$2.00×10^2$
1.50	$3.15 ×10^2$	$2.10×10^2$

表1

問1　$\boxed{ア}$，$\boxed{イ}$ に当てはまる語の組合せとして最も適切なものを，次の①～⑥のうちから一つ選べ。

	ア	イ
①	質量モル濃度	シャルル
②	質量モル濃度	ファントホッフ
③	質量モル濃度	ヘンリー
④	モル濃度	シャルル
⑤	モル濃度	ファントホッフ
⑥	モル濃度	ヘンリー

問2　$\boxed{イ}$ の法則より，浸透圧 Π，溶質の分子量 M，溶液 1 L 中の溶質の質量 W とするとき，理想希薄溶液における $\dfrac{\Pi}{W}$ と M の関係は次の式で表されることがわかった。

$$\frac{\Pi}{W}＝\frac{RT}{M} \quad \cdots(1)$$

　ただし，気体定数を R，絶対温度を T とする。

　表1をもとに次ページの方眼紙にグラフを作成し，得られた y 切片から，PET の平均分子量 M_x を求めよ。分子量の値を有効数字 2 桁で次の形式で表すとき，$\boxed{1}$

〜 3 に当てはまる数字を，後の①〜⓪のうちから一つずつ選べ。ただし，同じものを繰り返し選んでもよい。

$$\boxed{1}.\boxed{2} \times 10^{\boxed{3}}$$

① 1　② 2　③ 3　④ 4　⑤ 5

⑥ 6　⑦ 7　⑧ 8　⑨ 9　⓪ 0

問3　問2の分子量の値から重合度 x を計算せよ。x の値を有効数字2桁で次の形式で表すとき，4 〜 6 に当てはまる数字を，後の①〜⓪のうちから一つずつ選べ。ただし，同じものを繰り返し選んでもよい。

$$\boxed{4}.\boxed{5} \times 10^{\boxed{6}}$$

① 1　② 2　③ 3　④ 4　⑤ 5

⑥ 6　⑦ 7　⑧ 8　⑨ 9　⓪ 0

〈岐阜薬科大〉

★ 13 だしの成分の分離操作

　日本料理では，だしを取るのにしばしば昆布が使われる。昆布を煮出すと，うま味成分として知られるグルタミン酸をはじめ，さまざまな栄養成分が溶け出してくる。煮出し汁には，代表的な栄養成分として，グルタミン酸のほか，ヨウ素，アルギン酸がイオンの形で含まれている。アルギン酸の構造式は次のとおりである。

アルギン酸（分子量　約10万）

　試料としてグルタミン酸ナトリウム，ヨウ化ナトリウム，アルギン酸ナトリウムを含む水溶液がある。この溶液をビーカーに入れて横からレーザー光を当てたところ，光の通路がよく見えた。この水溶液から，成分を図1のように分離した。

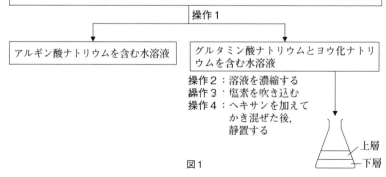

図1

問1　下線部の混合物からアルギン酸ナトリウムを水溶液として分離する操作1で必要となる主な実験器具は何か。最も適当なものを，次の①〜④のうちから一つ選べ。ただし，操作1で試料以外に使用してよい物質は，純水のみとする。

① ろ紙，ろうと，ろうと台

② セロハン，ビーカー

③ 分液ろうと，ろうと台

④ リービッヒ冷却器，枝付きフラスコ，ガスバーナー

問2　アルギン酸は，カルボキシ基をもつ2種類の単糖が繰り返し脱水縮合した構造をしている。アルギン酸を構成している単糖の構造として適当なものを，次の①〜④のうちから二つ選べ。ただし，解答の順序は問わない。

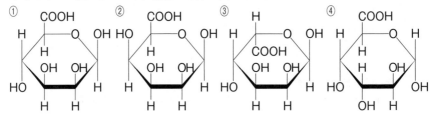

問3　操作4で，溶液は二層に分かれ，上層は紫色であった。上層に関する記述として最も適当なものを，次の①〜④のうちから一つ選べ。

① ヨウ素I_2が溶けたヘキサン層である。

② ヨウ化ナトリウムが溶けたヘキサン層である。

③ ヨウ素I_2が溶けた水層である。

④ ヨウ化ナトリウムが溶けた水層である。

問4　グルタミン酸は水溶液中でpHに応じて異なる構造をとり，pH3では主に次のような構造をとっている。このことを参考にして，どのようなpHの水溶液中でも**主な構造にはならないもの**を，後の①〜④のうちから一つ選べ。

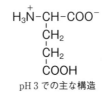

pH3での主な構造

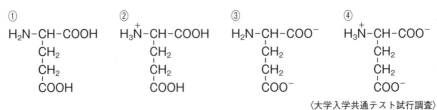

別冊 解答

大学入試 全レベル問題集

化 学

2 共通テストレベル

三訂版

Obunsha

目　次

採点・見直しができる無料の学習アプリ「学びの友」で簡単に自動採点することができます。
① 「学びの友」公式サイトへアクセス
　　　https://manatomo.obunsha.co.jp/
② アプリを起動後、「旺文社まなび ID」に会員登録(無料)
③ アプリ内のライブラリより本書を選び、「追加」ボタンをタップ
※ iOS ／ Android 端末、Web ブラウザよりご利用いただけます。
※本サービスは予告なく終了することがあります。

第1章　化学基礎分野

1　酸と塩基

1 a：④　b：⑥

解説　a：青色リトマス紙を赤変させるのは，**酸性**の溶液である。
① $CaCl_2$ は強酸の HCl と強塩基の $Ca(OH)_2$ の塩であるため，**中性**を示す。
② Na_2SO_4 は強酸の H_2SO_4 と強塩基の $NaOH$ の塩であるため，**中性**を示す。
③ Na_2CO_3 は弱酸の H_2CO_3 と強塩基の $NaOH$ の塩であるため，**塩基性**を示す。
④ $\underline{NH_4Cl}$ は強酸の HCl と弱塩基の NH_3 の塩であるため，**酸性**を示す。
⑤ KNO_3 は強酸の HNO_3 と強塩基の KOH の塩であるため，**中性**を示す。

b：リトマス紙を変色させるのは，酸の H^+ または塩基の OH^- である。電圧をかけると，左側の＋に引き寄せられることから，負に帯電している $\underline{OH^-}_{\,ウ}$ であり，$\underline{NaOH}_{\,イ}$ 水溶液であるとわかる。また，$NaOH$ は**塩基性**であるため，$\underline{赤色}_{\,ア}$ リトマス紙を青色に変色させる。

2 a：③　b：⑤

解説　a：①，③，④　滴定曲線の中和点(pH が大きく変化する中点)は 7 よりも大きい($\underline{塩基性}_{③}$)ので，$\underline{弱酸}_{①}$ を強塩基で滴定したことがわかる。また，塩基性側に変色域をもつ $\underline{フェノールフタレイン}_{④}$ が指示薬として適している。①，④が正しい。③が誤り。
② 中和点を過ぎると塩基が残り，40 mL 加えたときにはその pH が 12 を超えているので，滴定に用いた塩基の pH は 12 より大きいとわかる。正しい。
⑤ 0.2 mol/L の 1 価の酸の水溶液 10 mL が出すことのできる H^+ の物質量と，0.1 mol/L 硫酸(2 価の酸)水溶液 10 mL が出すことのできる H^+ の物質量は同じであるため，中和するために必要な塩基の体積は等しい。正しい。

b：滴定曲線から，用いた塩基は強塩基であるため，$NaOH$ である。水酸化ナトリウム水溶液のモル濃度を x〔mol/L〕とする。

$$\underbrace{0.2\,〔mol/L〕\times \frac{10}{1000}〔L〕\times 1}_{1\,価の酸の\,H^+\,〔mol〕}=\underbrace{x〔mol/L〕\times \frac{20}{1000}〔L〕\times 1}_{塩基の\,OH^-\,〔mol〕} \qquad x=\underline{0.1}〔mol/L〕$$

3 ⑤

Point グラフ問題の攻略
グラフ問題は，適当な値を1つ決め，そこから求まる値を計算し，その点を通るグラフを選べばよい。

解説 量的関係を図で表すと，

吸収させた気体のHClのH⁺〔mol〕｜滴下した溶液中のHClのH⁺〔mol〕

NaOHのOH⁻〔mol〕

　与えられた化学反応式より，用いる塩化ナトリウムの質量が大きいほど塩化水素が多く発生するので，中和に必要な塩酸の体積は少量で済むことがわかる。したがって，グラフは④〜⑥のように右下がりの直線となる。

　滴下した塩酸の体積が **10 mL** のときを考える。吸収した塩化水素を x〔mol〕とすると，

$$\underbrace{x\text{〔mol〕}\times 1}_{\text{気体 HCl の H}^+\text{〔mol〕}} + \underbrace{1.0\text{〔mol/L〕}\times \frac{10}{1000}\text{〔L〕}\times 1}_{\text{溶液中の HCl の H}^+\text{〔mol〕}} = \underbrace{2.0\text{〔mol/L〕}\times \frac{10}{1000}\text{〔L〕}\times 1}_{\text{NaOH の OH}^-\text{〔mol〕}}$$

$$x = 0.010\text{〔mol〕}$$

また，化学反応式より，発生した HCl と用いた NaCl は**同じ物質量**なので，反応させた NaCl の質量は，

$$0.010\text{〔mol〕}\times 58.5\text{〔g/mol〕} = \mathbf{0.585}\text{〔g〕}$$

よって，**(0.585, 10)** を通るグラフ⑤が正解となる。

---

4 ④，⑥

解説 ① 水酸化物の OH⁻ は，酸の H⁺ を受け取る。正しい。
$$Zn(OH)_2 + \mathbf{2H^+} \longrightarrow Zn^{2+} + 2H_2O$$

② 酸の電離によって生じた H⁺ は，水分子と結合し，**オキソニウムイオン H₃O⁺** として存在している。正しい。　**例** $HCl + H_2O \longrightarrow H_3O^+ + Cl^-$

③ 等物質量の硫酸と水酸化バリウムは過不足なく中和し，すべて **BaSO₄ の沈殿**として存在しているため，**イオン濃度はほぼ 0** になっている。正しい。
$$H_2SO_4 + Ba(OH)_2 \longrightarrow \mathbf{BaSO_4} \downarrow + 2H_2O$$

④ 弱塩基を強酸で滴定するときの中和点は**酸性**であるため，指示薬には酸性側に変色域をもつ**メチルオレンジ**などが使われる。誤り。

⑤ 指示薬は，pH(H⁺濃度)に応じて色が変わる試薬のことである。正しい。

⑥ 希硫酸も希塩酸も**強酸**であるため，電離度は**ほぼ 1** である。誤り。

2 酸化還元反応

5 ⑤

解説 a：V の酸化数を x とする。 $2x+(-2)\times5=0$ より，$x=\mathbf{+5}$
b：Cr の酸化数を x とする。 $(+1)\times2+2x+(-2)\times7=0$ より，$x=\mathbf{+6}$
c：Ti の酸化数を x とする。 $(+2)+x+(-2)\times3=0$ より，$x=\mathbf{+4}$
d：$CuS \rightleftharpoons Cu^{2+}+S^{2-}$ と電離するため，Cu の酸化数は $\mathbf{+2}$ である。
よって，酸化数最大が b，最小が d である。

6 ⑤

解説 ① H_2O の H の酸化数 $\mathbf{+1}$ が $\mathbf{0}$(H_2 の H)に減少しているため，**酸化剤**としてはたらいている。
② Cl_2 の Cl の酸化数 $\mathbf{0}$ が $\mathbf{-1}$(KCl の Cl)に減少しているため，**酸化剤**としてはたらいている。
③ H_2O_2 の O の酸化数 $\mathbf{-1}$ が $\mathbf{-2}$(H_2O の O)に減少しているため，**酸化剤**としてはたらいている。
④ H_2O_2 の O の酸化数 $\mathbf{-1}$ が $\mathbf{-2}$(H_2SO_4 の O)に減少しているため，**酸化剤**としてはたらいている。
⑤ SO_2 の S の酸化数 $\mathbf{+4}$ が $\mathbf{+6}$(H_2SO_4 の S)に増加しているため，**還元剤**としてはたらいている。
⑥ SO_2 の S の酸化数 $\mathbf{+4}$ が $\mathbf{0}$(S)に減少しているため，**酸化剤**としてはたらいている。

7 ④

解説 ① 過マンガン酸カリウムとシュウ酸の反応式は，次のようにつくられる。

酸化剤 $MnO_4^- + 8H^+ + 5e^- \longrightarrow Mn^{2+} + 4H_2O$ ×2
還元剤 $H_2C_2O_4 \longrightarrow 2CO_2 + 2H^+ + 2e^-$ ×5

$2MnO_4^- + 6H^+ + 5H_2C_2O_4 \longrightarrow 2Mn^{2+} + 8H_2O + 10CO_2$

両辺に $2K^+$ と $3SO_4^{2-}$ を加えると，

$2KMnO_4 + 3H_2SO_4 + 5H_2C_2O_4 \longrightarrow 2MnSO_4 + 8H_2O + 10CO_2 + K_2SO_4$

よって，酸化還元反応である。
② ナトリウムを水に加えると，$2Na + 2H_2O \longrightarrow 2NaOH + H_2$
酸化数は，Na が 0 から $+1$，H が $+1$ から 0 に変化しているため，酸化還元反応である。
③ 銅を空気中で加熱すると，$2Cu + O_2 \longrightarrow 2CuO$
酸化数は，Cu が 0 から $+2$，O が 0 から -2 に変化しているため，酸化還元反応である。

④ 硝酸銀水溶液に食塩水を加えると，$AgNO_3 + NaCl \longrightarrow AgCl + NaNO_3$
　酸化数は，Ag が +1，Na が +1，Cl が −1，N が +5，O が −2 で変化しないため，<u>酸化還元反応ではない</u>。

⑤ 過酸化水素とヨウ化カリウムの反応式は，次のようにつくられる。

　　酸化剤　　$H_2O_2 + 2H^+ + 2e^- \longrightarrow 2H_2O$

　　還元剤　　　　　　　　　$2I^- \longrightarrow I_2 + 2e^-$
　　　　　　　　　　　　　　　　　　　　　　　　　　　　　　

　　　　　　$H_2O_2 + 2H^+ + 2I^- \longrightarrow I_2 + 2H_2O$

　両辺に $2K^+$ と $SO_4{}^{2-}$ を加えると，

　　　　$H_2O_2 + H_2SO_4 + 2KI \longrightarrow I_2 + 2H_2O + K_2SO_4$

　よって，酸化還元反応である。

---

8 ②

解説 過マンガン酸イオン $MnO_4{}^-$ が受け取る電子の物質量と二クロム酸イオン $Cr_2O_7{}^{2-}$ が受け取る電子の物質量が等しいことから，

$$\underbrace{0.020\,[\text{mol/L}] \times \frac{x}{1000}\,[\text{L}] \times 5}_{MnO_4{}^-\ の\ e^-\,[\text{mol}]} = \underbrace{0.010\,[\text{mol/L}] \times \frac{y}{1000}\,[\text{L}] \times 6}_{Cr_2O_7{}^{2-}\ の\ e^-\,[\text{mol}]} \qquad \frac{x}{y} = \frac{6}{10} = \underline{0.60}$$

応用問題 | 化学基礎分野

9 問1 ④　　問2 ④　　問3 ②　　問4 ③

解説 問1　試料を x 倍に希釈したとすると，試料溶液の濃度は $\dfrac{1}{x}$ 倍 になる。

$$\underbrace{\frac{3}{x}\,[\text{mol/L}] \times \frac{10}{1000}\,[\text{L}] \times 1}_{HCl\ の\ H^+\,[\text{mol}]} = \underbrace{0.1\,[\text{mol/L}] \times \frac{15}{1000}\,[\text{L}] \times 1}_{NaOH\ の\ OH^-\,[\text{mol}]}$$

　　$x = \underline{20}\,[倍]$

問2　① ホールピペットが水でぬれていると，**試料溶液の濃度が小さくなるため**，水酸化ナトリウム水溶液の滴下量は小さくなる。誤り。

② コニカルビーカーがぬれていても，**試料溶液中の HCl の物質量に変化はないため**，水酸化ナトリウム水溶液の滴下量は変わらない。誤り。

③ フェノールフタレインは指示薬であり，その量により水酸化ナトリウム水溶液の滴下量は変わらない。誤り。

④ ビュレットの先端に空気が入っていると，水酸化ナトリウム水溶液を滴下することでその**空気がぬけ**，ビュレットの先端が**水酸化ナトリウム水溶液で満たされる**ため，その分だけ水酸化ナトリウム水溶液が多く必要となる。正しい。

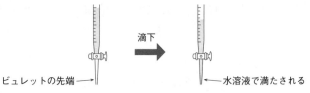

ビュレットの先端 → 水溶液で満たされる

問3　溶液の体積を 1 L として考える。1 L の溶液の質量は，

$$1.04 〔g/mL〕×1000 〔mL〕=1040 〔g〕$$

溶質の質量は，　$2.60 〔mol〕×36.5 〔g/mol〕=94.9 〔g〕$

この試料溶液の質量パーセント濃度は，　$\dfrac{94.9 〔g〕}{1040 〔g〕}×100=9.12≒\underline{9.1} 〔\%〕$

問4　式(1)の反応は，弱酸(次亜塩素酸 HClO)の塩と強酸(HCl)が反応し，強酸の塩と弱酸が得られるという**弱酸遊離反応**である。酢酸ナトリウム(弱酸の塩)に希硫酸(強酸)を加えても同様の反応が起こる。

NaClO　　　+　HCl　⟶　NaCl　+　HClO
2CH₃COONa　+　H₂SO₄　⟶　Na₂SO₄　+　2CH₃COOH
弱酸の塩　　　　　強酸　　　　　強酸の塩　　　　弱酸

10 問1　③　　問2　炭素原子 A：⑥　炭素原子 B：③　　問3　④

解説 問1　H₂O は極性分子，H₂，CH₄ は無極性分子である。

H₂ は H のみからなる単体で，共有電子対はどちらにも引きつけられないため，H の酸化数はいずれも 0 である。

CH₄ では，C の電気陰性度が H よりも大きく，右のように C–H 結合の共有電子対は C 原子の方に引きつけられるため，C の酸化数は−4，H の酸化数は+1 となる。

問2　電気陰性度の値は O>C>H である。次のように共有電子対が引きつけられるため，エタノール中の炭素原子 A の酸化数は−1，酢酸中の炭素原子 B の酸化数は+3 である。

問3　与えられた反応式から e⁻ を消去する。

$$C_6H_8O_6 \longrightarrow C_6H_6O_6 + 2H^+ + 2e^- \quad \cdots(1)$$
$$O_2 + 4H^+ + 4e^- \longrightarrow 2H_2O \quad \cdots(2)$$

(1)×2+(2)より，

$$2C_6H_8O_6 + O_2 \longrightarrow 2C_6H_6O_6 + 2H_2O$$

よって，物質量比が　ビタミンC($C_6H_8O_6$)：酸素＝2：1 で反応するため，④が正しい。

第2章 物質の状態

1 物質の三態

1 ①

解説 ① 水 H_2O は，分子間に**水素結合**をつくるため，16 族元素の水素化合物の中で最も沸点が高い。誤り。

② 第 3 〜 5 周期の水素化合物は，水素結合をつくらない。分子量が大きくなると，ファンデルワールス力が強くはたらくため，沸点が高くなる。正しい。

③ 14 族元素の水素化合物（CH_4，SiH_4 など）は，すべて**正四面体構造の無極性分子**であるため，極性分子である 16，17 族元素の水素化合物よりも沸点が低い。正しい。

④ フッ化水素 HF は，塩化水素 HCl と比べて分子間に**水素結合**がより強くはたらくため，沸点が高い。正しい。

2 ⑥

解説 ア：高温のほうが，より速く運動する分子が多く存在するため，$T_1 < T_2$ となる。
イ，ウ：分子の速さが大きいほど，気体分子が壁に衝突する回数が多く$_イ$なるため，圧力が高く$_ウ$なる。

3 ③

解説 物質の状態は，次のとおり。はじめ〜 A の過程：固体，A 〜 B の過程：固体と液体が共存，B 〜 C の過程：液体，C 〜 D の過程：液体と気体が共存，D 〜終わりの過程：気体

a：グラフより，固体は，液体よりも温度が上がりにくいため，比熱が**大きい**。正しい。

b：B 〜 C の過程は，すべて**液体**である。誤り。

c：蒸発は C 〜 D の過程で起こっているため，この物質 1 mol を蒸発させるために必要な熱量〔kJ/mol〕は，

$$\frac{6.0〔kJ/h〕\times(6-3)〔h〕}{0.10〔mol〕}=180〔kJ/mol〕 \quad 正しい。$$

4 ②

解説 a：氷は，圧力が一定であれば，すべて融解するまで**温度は一定**である。正しい。

b：飽和水蒸気圧は，温度が一定であれば，その値は**変化しない**。正しい。

c：沸点は，大気圧と蒸気圧が等しくなる温度であるため，外圧（大気圧）が変化すると，**沸点も変化**する。誤り。

第2章 物質の状態

解説 状態図において，Aが気体，Cが液体であるため，AからCに変化する条件を考えればよい。

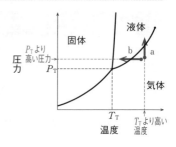

a：温度一定で，気体から液体に変化させるためには，T_Tより高い温度に保ち，**圧力を高く**すればよい。

b：圧力一定で，気体から液体に変化させるためには，P_Tより高い圧力に保ち，**温度を低く**すればよい。

解説 ① 気体の温度を一定に保ち，体積を小さくすると，**圧力が高くなる**。これは，単位時間，単位面積あたりに衝突する気体分子の数が増加するためである。正しい。

② 温度を上げると，気体分子がより**活発に運動**するため，拡散が速くなる。正しい。

③ 気液平衡状態では，分子の蒸発する速度と分子の凝縮する速度が等しくなる。よって，気体分子中には液体中に戻る分子も存在する。誤り。

④ 大気中に放置した液体は，蒸発した分子が空気中に拡散するため，液体の量が減少する。正しい。

2 気体の法則

解説 27℃でフラスコ内に含まれる二酸化炭素を n〔mol〕とする。気体の状態方程式より，

$$1 \times 10^5 〔Pa〕 \times 4.15 〔L〕 = n 〔mol〕 \times 8.3 \times 10^3 〔Pa \cdot L/(mol \cdot K)〕 \times (27 + 273) 〔K〕$$
$$n = 0.1666 〔mol〕$$

加熱後，フラスコ内に残っている二酸化炭素は，$0.1666 - 0.050 = 0.1166$〔mol〕である。温度を t〔℃〕とすると，気体の状態方程式より，

$$1 \times 10^5 〔Pa〕 \times 4.15 〔L〕 = 0.1166 〔mol〕 \times 8.3 \times 10^3 〔Pa \cdot L/(mol \cdot K)〕 \times (t + 273) 〔K〕$$
$$t = 155.8 \fallingdotseq \underline{156} 〔℃〕$$

8 a：① b：①

解説 a：はじめの容器内の気体の物質量を n〔mol〕，コックを開閉した後の容器内の気体の物質量を n'〔mol〕とする。気体の状態方程式より，

はじめ 3×10^5〔Pa〕$\times 1$〔L〕$= n$〔mol〕$\times R$〔Pa・L/(mol・K)〕$\times 100$〔K〕 $\cdots$①

コック開閉後 1×10^5〔Pa〕$\times 1$〔L〕$= n'$〔mol〕$\times R$〔Pa・L/(mol・K)〕$\times 400$〔K〕 $\cdots$②

②÷①より，$\dfrac{n'}{n} = \dfrac{\dfrac{1 \times 10^5}{400R}}{\dfrac{3 \times 10^5}{100R}} = \dfrac{1}{12}$

b：(2)，(3)，(4)の温度を T_2，T_3，T_4〔K〕とする。ボイル・シャルルの法則より，

$$\frac{3 \times 10^5 \text{〔Pa〕} \times 1 \text{〔L〕}}{100 \text{〔K〕}} = \frac{1 \times 10^5 \text{〔Pa〕} \times 3 \text{〔L〕}}{T_2 \text{〔K〕}} = \frac{2 \times 10^5 \text{〔Pa〕} \times 3 \text{〔L〕}}{T_3 \text{〔K〕}}$$

$$= \frac{1 \times 10^5 \text{〔Pa〕} \times 6 \text{〔L〕}}{T_4 \text{〔K〕}}$$

$T_2 = 100$〔K〕，$T_3 = 200$〔K〕，$T_4 = 200$〔K〕

よって，これに当てはまるグラフは①である。

9 1：⑥ 2：③

解説 1：圧力のつり合いより，空気の圧力は，$(c + 760)$〔mmHg〕である。

2：体積に対応する部分は $(c + d)$〔mm〕である。

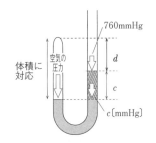

10 a：② b：④

解説 それぞれの物質量は，

CH_4：$\dfrac{0.32 \text{〔g〕}}{16 \text{〔g/mol〕}} = 0.020$〔mol〕 Ar：$\dfrac{0.20 \text{〔g〕}}{40 \text{〔g/mol〕}} = 0.0050$〔mol〕

N_2：$\dfrac{0.28 \text{〔g〕}}{28 \text{〔g/mol〕}} = 0.010$〔mol〕

a：求める体積を V〔L〕とすると，N_2 について気体の状態方程式より，

1.0×10^5〔Pa〕$\times V$〔L〕$= 0.010$〔mol〕$\times 8.3 \times 10^3$〔Pa・L/(mol・K)〕$\times 500$〔K〕

$V = 0.415 \fallingdotseq \underline{0.42}$〔L〕

b：**圧力と物質量は比例**することから，容器内の
全圧は，

$$1.0 \times 10^5 \,[\text{Pa}] \times \underbrace{\frac{\overbrace{0.020 + 0.0050 + 0.010}^{\text{全体}[\text{mol}]} [\text{mol}]}{\underbrace{0.010}_{\text{N}_2[\text{mol}]} [\text{mol}]}}$$

$$= \underline{3.5 \times 10^5} \,[\text{Pa}]$$

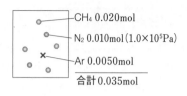

CH₄ 0.020mol
N₂ 0.010mol（1.0×10⁵Pa）
Ar 0.0050mol
合計 0.035mol

---

11 1：③　2：⑥

解説 反応したエチレンのうち，アセトアルデヒドに変化するものを x〔mol〕，二酸化
炭素に変化するものを y〔mol〕とする。

$$2C_2H_4 + O_2 \longrightarrow 2CH_3CHO$$
$$\underset{-x}{} \quad \underset{-\frac{1}{2}x}{} \qquad \underset{+x}{} \qquad [\text{mol}]$$

$$C_2H_4 + 3O_2 \longrightarrow 2CO_2 + 2H_2O$$
$$\underset{-y}{} \quad \underset{-3y}{} \qquad \underset{+2y}{} \quad \underset{+2y}{} \qquad [\text{mol}]$$

消費された酸素の物質量について，$\dfrac{1}{2}x + 3y = 0.50$ ···①

生成したアセトアルデヒドと二酸化炭素の物質量比について，

　　$x : 2y = 2 : 1$ より，$x = 4y$ 　　　　　　　　　　···②

①，②より，$x = 0.40$〔mol〕，$y = 0.10$〔mol〕

1：反応せずに残ったエチレンは，$1.00 - 0.40 - 0.10 = 0.50$〔mol〕 ← $1-x-y$

　　また，生成したアセトアルデヒドは 0.40 mol，二酸化炭素は $2 \times 0.10 = 0.20$〔mol〕，
水（400K なので，すべて気体）は，← $2y$

　　$2 \times 0.10 = 0.20$〔mol〕 ← $2y$ となる。

　　よって，容器内に存在する物質の総物質量は，$0.50 + 0.40 + 0.20 + 0.20 = 1.30$〔mol〕
である。

　　容器内の全圧を P〔Pa〕とすると，気体の状態方程式より，

　　P〔Pa〕$\times 12$〔L〕$= 1.30$〔mol〕$\times 8.3 \times 10^3$〔Pa・L/（mol・K）〕$\times 400$〔K〕

　　　　$P = 3.59 \times 10^5 \fallingdotseq \underline{3.6 \times 10^5}$〔Pa〕

2：生成したアセトアルデヒドの質量は，

　　0.40〔mol〕$\times 44$〔g/mol〕$= 17.6 \fallingdotseq \underline{18}$〔g〕

3 | 蒸気圧・実在気体

12 ②

解説 水上置換で捕集すると，液体の水と接しているため，飽和蒸気圧である 3.6×10^3 Pa の水蒸気が混ざる。

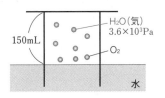

酸素の分圧は，

$$1.013 \times 10^5 - 3.6 \times 10^3 = 9.77 \times 10^4 \text{〔Pa〕}$$

捕集した酸素の物質量を n〔mol〕とおくと，気体の状態方程式より，

$$9.77 \times 10^4 \text{〔Pa〕} \times \frac{150}{1000} \text{〔L〕} = n \text{〔mol〕} \times 8.3 \times 10^3 \text{〔Pa·L/(mol·K)〕} \times (27 + 273) \text{〔K〕}$$

$$n = 5.88 \times 10^{-3} \fallingdotseq \underline{5.9 \times 10^{-3}} \text{〔mol〕}$$

13 ②

解説 グラフより，エタノールの飽和蒸気圧は，40℃で 1.8×10^4 Pa，60℃で 4.5×10^4 Pa である。

40℃でエタノールがすべて気体であると仮定したときの圧力を P'〔Pa〕とすると，気体の状態方程式より，

$$P' \text{〔Pa〕} \times 1.0 \text{〔L〕} = 0.010 \text{〔mol〕} \times 8.3 \times 10^3 \text{〔Pa·L/(mol·K)〕} \times (40 + 273) \text{〔K〕}$$

$$P' = 2.59 \times 10^4 \fallingdotseq 2.6 \times 10^4 \text{〔Pa〕}$$

この値は40℃のエタノールの飽和蒸気圧 1.8×10^4 Pa を超えているため，エタノールは**一部液化**している。よって，エタノールの圧力は $\underline{1.8 \times 10^4 \text{ Pa}}$ である。

また，60℃でエタノールがすべて気体であると仮定したときの圧力を P''〔Pa〕とすると，気体の状態方程式より，

$$P'' \text{〔Pa〕} \times 1.0 \text{〔L〕} = 0.010 \text{〔mol〕} \times 8.3 \times 10^3 \text{〔Pa·L/(mol·K)〕} \times (60 + 273) \text{〔K〕}$$

$$P'' = 2.76 \times 10^4 \fallingdotseq 2.8 \times 10^4 \text{〔Pa〕}$$

この値は60℃のエタノールの飽和蒸気圧 4.5×10^4 Pa を超えていないため，エタノールは**すべて気体で存在**している。よって，エタノールの圧力は $\underline{2.8 \times 10^4 \text{ Pa}}$ である。

14 ⑤

解説 100℃における飽和水蒸気圧は，1×10^5 Pa である。水蒸気の圧力が 1×10^5 Pa になるときの水蒸気の質量を w〔g〕とすると，気体の状態方程式より，

$$1 \times 10^5 \text{〔Pa〕} \times 1 \text{〔L〕} = \frac{w \text{〔g〕}}{18 \text{〔g/mol〕}} \times 8.3 \times 10^3 \text{〔Pa·L/(mol·K)〕} \times (100 + 273) \text{〔K〕}$$

$$w = 0.581 \fallingdotseq \underline{0.58} \text{〔g〕}$$

よって，$0 \sim 0.58$ g では水は**すべて気体**で存在しており，$0.58 \sim 1$ g では水は**一部液化**し，その圧力は 1×10^5 Pa となる。

また，気体の状態方程式 $PV = \dfrac{w}{M}RT$ より，水がすべて気体であるとき，**水の質量と圧力は比例**するため，そのグラフは $0 \sim 0.58$ g の間で**原点を通る直線**となる。よって，これを満たすグラフは⑤である。

---

15 a：④　　b：②

解説

Point	体積，温度が一定のとき，分圧と物質量は比例するため，圧力に関して量的関係を考える。

a：酸素と水素の分圧は，

$$\underset{\text{モル分率}}{\left(\frac{1}{2}\right)} \times \underset{\text{全圧}}{9.0 \times 10^4} = 4.5 \times 10^4 \, (\text{Pa})$$

27℃において，水素の半分が反応した後の分圧を考えると，

	$2H_2$	$+$	O_2	$\longrightarrow$	$2H_2O$	合計	
反応前	4.5		4.5		0	9.0	$(\times 10^4 \, \text{Pa})$
反応量	-2.25		-1.125		$+2.25$		
反応後	2.25		3.375		2.25	7.875	

$\underset{\text{27℃で水が全て気体であると仮定した圧力}}{}$

反応後，327℃に保つため，全圧を $P\,(\text{Pa})$ とすると，ボイル・シャルルの法則より，

$$\frac{7.875 \times 10^4 \, (\text{Pa}) \times V\,(\text{L})}{(27 + 273)\,(\text{K})} = \frac{P\,(\text{Pa}) \times V\,(\text{L})}{(327 + 273)\,(\text{K})} \qquad P = 1.575 \times 10^5 \fallingdotseq \underline{1.58 \times 10^5}\,(\text{Pa})$$

b：27℃において，水素がすべて反応した後の分圧を考えると，

	$2H_2$	$+$	O_2	$\longrightarrow$	$2H_2O$	合計	
反応前	4.5		4.5		0	9.0	$(\times 10^4 \, \text{Pa})$
反応量	-4.5		-2.25		$+4.5$		
反応後	0		2.25		(4.5)	(6.75)	

生成した水がすべて気体と仮定すると，分圧は 4.5×10^4 Pa となり，この値は飽和蒸気圧 4.0×10^3 Pa を超えているため，水は**一部液化**しており，分圧は 4.0×10^3 Pa である。よって，液体として存在している水を $w\,(\text{g})$ とすると，気体の状態方程式より，

$$\underset{\substack{\text{液体の水が気体に} \\ \text{なったときの圧力}}}{(4.5 \times 10^4 - 4.0 \times 10^3)\,(\text{Pa})} \times 1\,(\text{L}) = \frac{w\,(\text{g})}{18\,(\text{g/mol})} \times 8.3 \times 10^3\,(\text{Pa·L/(mol·K)}) \times (27 + 273)\,(\text{K})$$

$$w = 0.296 \fallingdotseq \underline{0.30}\,(\text{g})$$

---

16 ④

解説　① 理想気体では**ボイルの法則** $PV = (\text{一定})$ が成立するため，圧力と体積の積の

値は一定に保たれる。正しい。

② 理想気体では，**ボイル・シャルルの法則** $\dfrac{PV}{T} = (\text{一定})$ が成立するため，体積を一定に保ち，温度を下げると圧力は減少する。正しい。

③ 理想気体は，気体分子自身の体積をもたない。正しい。

④ 実在気体は，**高温**ほど理想気体に近いふるまいをする。誤り。

⑤ 実在気体において，**分子間力の影響が分子自身の体積の影響に比べ大きい場合**，その体積は同温・同圧における理想気体の体積よりも小さくなる。正しい。

17 ③

解説 理想気体では状態方程式 $PV = 1 \times RT$ が成立するため，$\dfrac{PV}{RT}$ の値が 1 となる。

3種類の気体の中で，He は分子量が最も小さく，分子自身の体積も最も小さいため，理想気体に近い挙動をする B とわかる。また，無極性分子の場合，分子量が大きいほどファンデルワールス力が強くはたらくため，$\dfrac{PV}{RT}$ の値が小さくなり，グラフの下へのずれが大きくなる。よって，分子量のより大きい CO_2 が C とわかる。

4 溶解度

18 ②

解説 はじめの溶液 100 g に含まれる KCl は，

$$100 \, [\text{g}] \times \frac{40 \, [\text{g}]}{(100 + 40) \, [\text{g}]}$$

$$\fallingdotseq 28.57 \, [\text{g}]$$

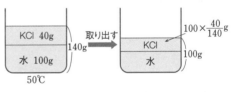

析出した KCl の質量を $x \, [\text{g}]$ とおく。20℃ に冷却した後の水溶液中の KCl の質量は $(28.57 - x) \, [\text{g}]$，溶液の質量は $(100 - x) \, [\text{g}]$ となる。

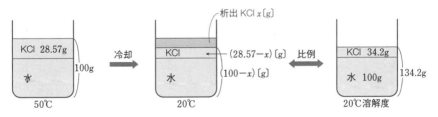

20℃ における溶解度と比例させると，

$$(溶質):(溶液) = \underbrace{(28.57-x)〔g〕:(100-x)〔g〕}_{問題の溶液} = \underbrace{34.2〔g〕:(100+34.2)〔g〕}_{溶解度}$$

$$28.57-x=0.2548(100-x) \qquad x=4.14 ≒ \underline{4.1}〔g〕$$

19 ①

解説 蒸発した水の量を $x〔g〕$ とおく。濃縮して 20℃ に戻した後の，水溶液中の NaCl の質量は，$46-10=36〔g〕$，また，水の質量は，$1000-46-x=954-x〔g〕$ となる。

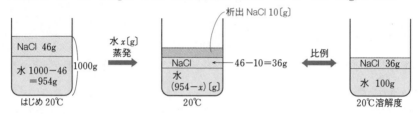

20℃ における溶解度と比例させると，

$$(溶質):(溶媒) = \underbrace{36〔g〕:(954-x)〔g〕}_{問題の溶液} = \underbrace{36〔g〕:100〔g〕}_{溶解度} \qquad x=\underline{854}〔g〕$$

20 ②

解説 60℃ における溶解度は，グラフより，110 である。KNO_3 を 55 g 含む 60℃ の飽和水溶液に含まれる水の質量を $x〔g〕$ とすると，

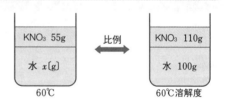

$$(溶質):(溶媒)$$
$$= 55〔g〕:x〔g〕=110〔g〕:100〔g〕$$
$$x=50〔g〕$$

蒸発した水の量を $y〔g〕$ とおく。水を蒸発させて 20℃ まで冷却した後の，水溶液中の KNO_3 の質量は，$55-41=14〔g〕$，また，水の質量は，$50-y〔g〕$ となる。

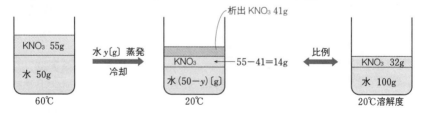

20℃ における溶解度はグラフより 32 なので，比例させると，

$$(溶質):(溶媒) = \underbrace{14〔g〕:(50-y)〔g〕}_{問題の溶液} = \underbrace{32〔g〕:100〔g〕}_{溶解度} \qquad y=6.25 ≒ \underline{6}〔g〕$$

21 ②

解説 式量 $\underset{160}{\underline{CuSO_4}} \cdot \underset{90}{\underline{5H_2O}} = 250$

析出した $CuSO_4 \cdot 5H_2O$ 25 g 中に含まれる $CuSO_4$ は，$25\,[g] \times \dfrac{160}{250} = 16\,[g]$

元の溶液に含まれる $CuSO_4$ を $x\,[g]$ とすると，20℃ に冷却した後の溶液中に含まれる $CuSO_4$ の質量は $(x-16)\,[g]$，溶液の質量は $205-25 = 180\,[g]$ となる。

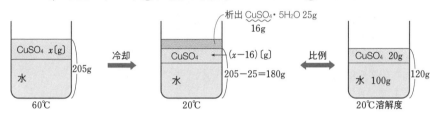

20℃ における溶解度と比例させると，

$$(溶質):(溶液) = \underbrace{(x-16)\,[g]:180\,[g]}_{問題の溶液} = \underbrace{20\,[g]:(100+20)\,[g]}_{溶解度} \qquad x = \underline{46}\,[g]$$

22 ④

解説 40℃，$2.0 \times 10^5\,Pa$ の下で水 2.0 L に溶ける酸素の物質量は，ヘンリーの法則より，

$$1.0 \times 10^{-3}\,[mol] \times \underbrace{\dfrac{2.0 \times 10^5\,[Pa]}{1.0 \times 10^5\,[Pa]}}_{圧力比} \times \underbrace{\dfrac{2.0\,[L]}{1.0\,[L]}}_{水の量の比} = 4.0 \times 10^{-3}\,[mol]$$

また，4℃，$1.0 \times 10^5\,Pa$ の下で水 1.0 L に溶ける酸素の物質量は，$2.0 \times 10^{-3}\,mol$ であるため，その物質量比は，

$$\dfrac{4.0 \times 10^{-3}\,[mol]}{2.0 \times 10^{-3}\,[mol]} = \underline{2.0}$$

23 ②

解説 混合気体中のヘリウムの分圧は，

$$\underset{モル分率}{\left(\dfrac{4}{5}\right)} \times \underset{全圧}{\underline{1.0 \times 10^5\,[Pa]}} = 0.80 \times 10^5\,[Pa]$$

液体 A 1.0 L に溶解したヘリウムの体積は，0℃，$1.0 \times 10^5\,Pa$ において，

$$9.7\,[mL] \times \underset{圧力比}{\underline{\dfrac{0.80 \times 10^5\,[Pa]}{1.0 \times 10^5\,[Pa]}}} = 7.76 \fallingdotseq \underline{7.8}\,[mL]$$

5 | 希薄溶液の性質・コロイド

24 ②

解説 溶液中に存在する粒子の質量モル濃度が大きいほど，沸点が高くなる。

粒子の総濃度を考えると，

a：$MgCl_2 \longrightarrow Mg^{2+} + 2Cl^-$
　　0.10　　　　　0.20 ⇒ 合計 **0.30 mol/kg**

b：尿素は**非電解質**（電離しない物質）であるため，**0.10 mol/kg**

c：$KCl \longrightarrow K^+ + Cl^-$
　　0.10　　0.10 ⇒ 合計 **0.20 mol/kg**

よって，沸点は，a＞c＞b の順となる。

25 ②

解説 溶媒の密度が d〔g/mL〕であるから，溶媒の質量は d〔g/mL〕× 10〔mL〕= 10d〔g〕である。凝固点降下の大きさより，

$$\Delta t〔K〕= K_f〔K \cdot kg/mol〕\times \frac{\dfrac{x〔g〕}{M〔g/mol〕}}{10d \times 10^{-3}〔kg〕} \qquad d = \frac{100xK_f}{M\Delta t}〔g/mL〕(=〔g/cm^3〕)$$

26 ③

解説 ① 温度 T は，この物質の**凝固点**である。正しい。

② 点 A は，凝固点以下の温度でも液体で存在する**過冷却状態**である。正しい。

③ 凝固が始まるのは，右の図の点 B′ である。誤り。

④ 点 C（点 B′ ～ D 間）では，**液体と固体が共存**している。正しい。

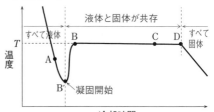

⑤ 溶液を冷却すると，溶媒が凝固することで濃度が大きくなり，凝固点降下が進むため，点 B ～ D 間の温度が徐々に低下する。正しい。

27 ①

解説 ① 水は，純水側からスクロース水溶液側に移動するため，スクロース水溶液側の体積が増加する。誤り。

② 高分子化合物は，分子量が大きく，物質量が小さくなりやすいため，たとえば，**凝固点降下法**では凝固点降下の大きさがとても小さくなり，その値を測定することができず，分子量を測定することができない。それに対し，浸透圧は，物質量がとても小さくても液面差を読み取ることができるため，**浸透圧法**で分子量を測定することができる。正しい。

③，⑤　グルコースは，非電解質であるため，ファントホッフの法則より，その水溶液の浸透圧 Π は，モル濃度 C と絶対温度 T に比例（$\Pi = CRT$）する。正しい。

④　スクロースは**非電解質**なのに対し，塩化ナトリウムは**電解質**であり，完全に電離すると粒子の物質量が**2倍になる**（$NaCl \longrightarrow Na^+ + Cl^-$）ため，塩化ナトリウム水溶液の浸透圧はスクロース水溶液の**2倍**になる。正しい。

28 ④

解説 ①　塩化鉄（Ⅲ）水溶液を沸騰水に加えると，**正**に帯電した**水酸化鉄（Ⅲ）**の疎水コロイドが生成する。よって，直流電源につなぐと，**陰極側**に移動する。誤り。

②　硫黄のコロイドは，**負**に帯電しているため，沈殿させるためには，**陽イオンの価数**がより大きい Al^{3+} をもつ硫酸アルミニウムのほうが，塩化ナトリウムより有効である。誤り。

③　ゼラチンは，タンパク質であるため，**親水コロイド**である。よって，**多量の電解質**溶液を加えることで，塩析させることができる。誤り。

④　小さな分子，イオンを含んだタンパク質溶液を，半透膜であるセロハン袋に入れ流水に浸すと，小さな分子，イオンはセロハンの目を通るが，コロイドであるタンパク質はセロハン袋の中に残る。この操作を，**透析**という。正しい。

⑤　コロイド粒子の運動（ブラウン運動）は，**限外顕微鏡**で観察できる。誤り。

29 ③

解説 ア　不純物を含むタンパク質水溶液をセロハン袋に入れ純水に浸すことで不純物を除去する操作を，**透析**という。誤り。

イ　エンジンの冷却水は，水にエチレングリコールを溶かすことで**凝固点降下**が起こるため，冬場でも凍結しにくくなる。正しい。

ウ　墨汁は，疎水コロイドであるが，親水コロイドであるにかわを**保護コロイド**として加えることで，沈殿しにくくなる。正しい。

エ　赤血球の表面は半透膜であり，水に浸すと，赤血球の内部の溶液は**浸透圧**が生じるため，赤血球内部に水が**浸透**し，やがて破裂する。誤り。

オ　粘土の微粒子は，疎水コロイドであり，ミョウバンなどの電解質を少量加えると，沈殿する。この現象を，**凝析**という。正しい。

6 結晶

30 ⑥

解説 a：アルミニウムは，**金属結晶**であるため，電気伝導性をもつ。よって，Aが<u>ア</u><u>ルミニウム</u>である。

b：ダイヤモンドは，**共有結合の結晶**であるため，水には溶けないが，塩化ナトリウムは，**イオン結晶**であるため，水に溶ける。よって，Cが<u>塩化ナトリウム</u>である。

c：ダイヤモンドは，**共有結合の結晶**であるため，融点が非常に高い。よって，Bは<u>ダイヤモンド</u>である。

31 ②

解説 ① 塩化ナトリウムの結晶では，1個の Na^+ に**6個**の Cl^- が隣接している（下（左）図の——）。正しい。

② 黒鉛は，1個の炭素原子に**3個**の炭素原子が結合している（下（真ん中）図の——）。誤り。

③ 鉄は，金属結晶であるため，鉄イオンどうしを**自由電子**が結びつけている。正しい。

④ ヨウ素は，**分子結晶**であるため，多数のヨウ素分子 I_2 が分子間力（ファンデルワールス力）によって規則的に配列している。正しい。

⑤ 二酸化ケイ素の結晶では，1個のケイ素原子に4個の酸素原子が共有結合している（下（右）図の——）。正しい。

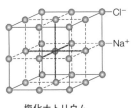

塩化ナトリウム

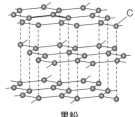

黒鉛

二酸化ケイ素

32 ⑤

解説 単位格子中に含まれる原子の数は，

$$1 + \frac{1}{8} \times 8 = 2 〔個〕$$

中心　頂点

単位格子の体積を $V〔cm^3〕$ とすると，金属ナトリウムの密度 $d〔g/cm^3〕$ は，

$$d = \frac{\dfrac{W\,\mathrm{(g/mol)}}{N_A\,\mathrm{(個/mol)}} \times 2\,\mathrm{(個)}}{V\,\mathrm{(cm^3)}} = \frac{2W}{VN_A}\,\mathrm{(g/cm^3)} \qquad V = \frac{2W}{dN_A}\,\mathrm{(cm^3)}$$

Na 1 個の質量 ／ 単位格子中の原子数

33 ④

解説 ① 陽イオンと陰イオンの最短距離(イオンの中心間距離)を R とすると,

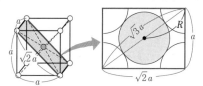

$$2R = \sqrt{a^2 + (\sqrt{2}\,a)^2} = \sqrt{3}\,a$$

$$R = \frac{\sqrt{3}}{2}a$$

よって,誤り。

② 単位格子の一辺の長さは,A,B の原子量,アボガドロ定数および**密度**から求めることができる。誤り。

(参考)AB の式量を M とすると,結晶の密度 $d\,\mathrm{(g/cm^3)}$ は,

$$d = \frac{\dfrac{M\,\mathrm{(g/mol)}}{N_A\,\mathrm{(個/mol)}} \times 1\,\mathrm{(個)}}{a^3\,\mathrm{(cm^3)}} = \frac{M}{a^3 N_A}\,\mathrm{(g/cm^3)} \qquad a = \sqrt[3]{\frac{M}{dN_A}}\,\mathrm{(cm)}$$

③ 単位格子中に含まれるイオンの数は,

A：1〔個〕,B：$\dfrac{1}{8} \times 8 = 1$〔個〕　　　よって,組成式は **AB** である。誤り。

④ 陽イオン A は,周りの 8 個の陰イオン B に囲まれている。また,A を立方体の頂点に位置した図を考えてみると,陰イオン B は,周りの 8 個の陽イオン A に囲まれていることがわかる。正しい。

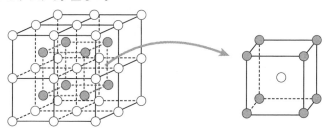

⑤ この単位格子は面心立方格子ではない。誤り。

解説 ア：単位格子中に含まれる原子数は，

$$\frac{1}{8} \times 8 + \frac{1}{2} \times 6 + 1 \times 4 = 8〔個〕$$

原子量を M とすると，この結晶の密度 $d〔\mathrm{g/cm^3}〕$ は，

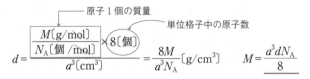

$$d = \frac{\dfrac{M〔\mathrm{g/mol}〕}{N_A〔個/mol〕} \times 8〔個〕}{a^3〔\mathrm{cm^3}〕} = \frac{8M}{a^3 N_A}〔\mathrm{g/cm^3}〕 \qquad M = \underline{\frac{a^3 d N_A}{8}}$$

イ：原子間の長さ（原子の中心間距離）を $R〔\mathrm{cm}〕$ とする。単位格子の $\dfrac{1}{8}$ の立方体に着目すると，

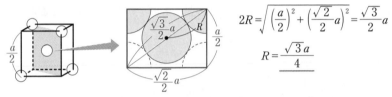

$$2R = \sqrt{\left(\frac{a}{2}\right)^2 + \left(\frac{\sqrt{2}}{2}a\right)^2} = \frac{\sqrt{3}}{2}a$$

$$R = \underline{\frac{\sqrt{3}\,a}{4}}$$

応用問題 | 物質の状態

35 a 1：④ 2：② b：①

解説 a：はじめの圧力 $1.0 \times 10^5\,\mathrm{Pa}$ は，90℃におけるエタノールの飽和蒸気圧を下回っているので，はじめエタノールは**すべて気体**で存在している。体積 $V〔\mathrm{L}〕$ を 5 倍にしたときの圧力を $P_1〔\mathrm{Pa}〕$ とすると，ボイルの法則より，

$$1.0 \times 10^5〔\mathrm{Pa}〕 \times V〔\mathrm{L}〕 = P_1〔\mathrm{Pa}〕 \times 5V〔\mathrm{L}〕$$
$$P_1 = 2.0 \times 10^4〔\mathrm{Pa}〕$$

圧力を $2.0 \times 10^4\,\mathrm{Pa}$ に保ったまま冷却すると，その圧力が飽和蒸気圧と等しくなるときエタノールが凝縮し始めるため，その温度はグラフより 42℃ とわかる。

b：体積を一定に保って加熱していくと，

①はじめはエタノールの**一部が凝縮**しているため容器内の圧力は飽和蒸気圧と等しく変化するが，

②飽和蒸気圧が上昇し，エタノールがすべて気体になったと仮定したときの圧力と等しくなると，エタノールはすべて蒸発し，

③その後，**エタノールはすべて気体**で存在し，ボイル・シャルルの法則に従う。

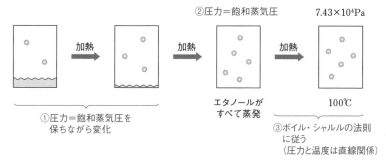

②圧力＝飽和蒸気圧　　　　7.43×10⁴Pa

①圧力＝飽和蒸気圧を
保ちながら変化

エタノールが
すべて蒸発

100℃

③ボイル・シャルルの法則
に従う
（圧力と温度は直線関係）

100℃のときのエタノールの圧力を P_2〔Pa〕とすると，気体の状態方程式より，
$$P_2〔Pa〕 \times 1.0〔L〕 = 0.024〔mol〕 \times 8.3 \times 10^3〔L \cdot Pa /(mol \cdot K)〕 \times (100 + 273)〔K〕$$
$$P_2 = 7.43 \times 10^4〔Pa〕$$
となり，この圧力は点 G に該当する。よって，エタノールの圧力は，A → B → C → G
のように変化する。

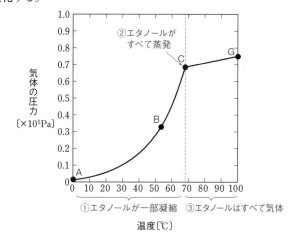

②エタノールが
すべて蒸発

気体の圧力〔×10⁵Pa〕

①エタノールが一部凝縮　③エタノールはすべて気体

温度〔℃〕

---

36 a：② 　　b：④

解説 a：① KCl，KNO_3 いずれも低温の方が溶解度が小さいため，溶液中のカリウ
ムイオン濃度は小さくなる。正しい。

② 水 100 g にそれぞれの固体を溶かした 30℃ の飽和溶液を 10℃ まで冷却すると，
溶解度の差の質量の固体が析出する。よって，30℃ と 10℃ の溶解度の差が大きい
KNO_3 の方がより多くの固体が析出する。誤り。

（参考）実際に析出量を図1から読み取って計算すると，以下の通り。

	30℃の溶解度	10℃の溶解度	析出量
KCl	36.8	30.8	36.8 − 30.8 = 6.0〔g〕
KNO_3	45.5	21.5	45.5 − 21.5 = 24.0〔g〕

③ 22℃における溶解度は，KCl，KNO₃ともに34.5である。KClおよびKNO₃の物質量がいずれもK⁺の物質量に等しいため，式量の大きいKNO₃の方がK⁺の物質量が小さい。正しい。

(参考)実際にK⁺の物質量を計算すると，

$$KCl：\frac{34.5〔g〕}{74.5〔g/mol〕}=0.463〔mol〕 \quad KNO_3：\frac{34.5〔g〕}{101〔g/mol〕}=0.341〔mol〕$$

④ 10℃における溶解度は，KClが30.8，KNO₃が21.5である。よって，10℃の水100gにKCl 25gはすべて溶けるが，KNO₃は一部が溶けずに残る。正しい。

b：図1より14℃におけるMgSO₄の溶解度は30.0である。水溶液Aに溶けているMgSO₄をx〔g〕とする。析出するMgSO₄の水和物のうち，MgSO₄の質量は12.3−6.3=6.0〔g〕であるため，14℃に冷却したあと，水溶液中に溶けているMgSO₄は$(x-6.0)$〔g〕，水溶液中の水は100−6.3=93.7〔g〕と表される。

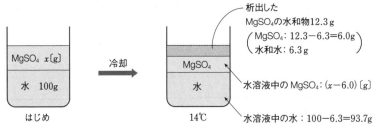

14℃における溶解度と比例させると，

(溶質)：(溶媒)$=(x-6.0)$〔g〕：93.7〔g〕$=30.0$〔g〕：100〔g〕

$x=34.11≒\underline{34}$〔g〕

37 a：② b：③

解説 a：図1より，$1.0×10^5$ PaのO_2の溶解度は，10℃で$1.75×10^{-3}$ mol/L，20℃で$1.40×10^{-3}$ mol/Lである。よって，$1.0×10^5$ PaのO_2が水20Lに接しているときのO_2の溶解度は，それぞれ，

10℃：$1.75×10^{-3}$〔mol/L〕$×20$〔L〕$=3.50×10^{-2}$〔mol〕

20℃：$1.40×10^{-3}$〔mol/L〕$×20$〔L〕$=2.80×10^{-2}$〔mol〕

となるため，水に溶解しているO_2の物質量は，

$3.50×10^{-2}-2.80×10^{-2}=\underline{7.0×10^{-3}}$〔mol〕 減少する。

b：図1より，$1.0×10^5$ PaのN_2の溶解度は，20℃で$0.70×10^{-3}$ mol/Lである。はじめの空気中のN_2の分圧は，

$$\frac{4}{5}×5.0×10^5=4.0×10^5〔Pa〕$$

となるため，水1Lに溶けているN_2の物質量は，ヘンリーの法則より，

$$0.70×10^{-3}〔mol/L〕×\frac{4.0×10^5〔Pa〕}{1.0×10^5〔Pa〕}×1〔L〕=2.8×10^{-3}〔mol〕$$

また，ピストンを引き上げたあとの空気中の N_2 の分圧は，

$$\frac{4}{5} \times 1.0 \times 10^5 = 0.80 \times 10^5 \,[\text{Pa}]$$

となるため，水 1 L に溶けている N_2 の物質量は，ヘンリーの法則より，

$$0.70 \times 10^{-3}\,[\text{mol/L}] \times \frac{0.80 \times 10^5\,[\text{Pa}]}{1.0 \times 10^5\,[\text{Pa}]} \times 1\,[\text{L}] = 0.56 \times 10^{-3}\,[\text{mol}]$$

となる。ピストンを引き上げることで遊離する N_2 の物質量は，

$$2.8 \times 10^{-3} - 0.56 \times 10^{-3} = 2.24 \times 10^{-3}\,[\text{mol}]$$

その体積は，0℃，$1.013 \times 10^5\,\text{Pa}$ において，

$$2.24 \times 10^{-3}\,[\text{mol}] \times 22.4\,[\text{L/mol}] \times 10^3 = 50.1 \fallingdotseq \underline{50}\,[\text{mL}]$$

38 **a** 1：④ 2：⓪ **b**：③ **c**：③

解説 **a**：図2より，溶媒 A の凝固点は 175℃，質量モル濃度が 0.2 mol/kg の溶液の凝固点は 167℃ であるため，凝固点降下の大きさが $175 - 167 = 8\,[\text{K}]$ であるとわかる。溶媒 A のモル凝固点降下を $K_f\,[\text{K·kg/mol}]$ とすると，$\Delta T = K_f \cdot m$ より，

$$8\,[\text{K}] = K_f \times 0.2\,[\text{mol/kg}]$$

$$K_f = \underline{40}\,[\text{K·kg/mol}]$$

b：はじめの安息香酸溶液の質量モル濃度を $x\,[\text{mol/kg}]$ とする。反応前後の質量モル濃度をまとめると，

$$2C_6H_5COOH \rightleftarrows (C_6H_5COOH)_2$$

反応前	x	0　　[mol/kg]
反応量	$-x\beta$	$+\dfrac{1}{2}x\beta$
平　衡	$x(1-\beta)$	$\dfrac{1}{2}x\beta$

溶液中に存在する溶質粒子の質量モル濃度の総和は，

$$x(1-\beta) + \frac{1}{2}x\beta = x\left(1 - \frac{\beta}{2}\right)$$

となる。それに対し，ナフタレンは溶液中に二量体は形成しない。凝固点降下の大きさ ΔT は，溶質粒子の質量モル濃度に比例するため，

$$\Delta T_f\,[\text{K}] : x\,[\text{mol/kg}] = \frac{3}{4}\Delta T_f\,[\text{K}] : x\left(1 - \frac{\beta}{2}\right)\,[\text{mol/kg}]$$

$$\beta = \frac{1}{2} = \underline{0.50}$$

c：二量体を形成していない（単量体で存在する）安息香酸分子の数 m と二量体の数 n の比は，**b** の質量モル濃度を用いると，

$$\frac{n}{m} = \frac{\dfrac{1}{2}x\beta}{x(1-\beta)} = \underline{\frac{\beta}{2(1-\beta)}}$$

39 a ア：② イ：① b：② c ウ：② エ：①

解説 a：ア 単位格子の中心の存在する Ca^{2+} に着目する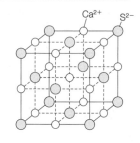と，上下，左右，前後あわせて6個の S^{2-} と接していることがわかる。よって，Ca^{2+}，S^{2-} ともに配位数は <u>6</u> である。

イ 図1より，単位格子の一辺の長さは $2(R_S + r_{Ca})$ と表されるため，単位格子の体積 V は，
$$\{2(R_S + r_{Ca})\}^3 = \underline{8(R_S + r_{Ca})^3}$$

b：$CaS\,40\,g$ 中に含まれる CaS の個数は，

$$\frac{40〔g〕}{72〔g/mol〕} \times 6.0 \times 10^{23}〔個/mol〕 = \frac{1}{3} \times 10^{24}〔個〕$$

CaS の結晶 $40\,g$ の体積は，$55-40=15〔cm^3〕$ である。単位格子中に含まれる CaS は4個であるため，単位格子の体積 $V〔cm^3〕$ とすると，

$$15〔cm^3〕: \frac{1}{3} \times 10^{24}〔個〕= V〔cm^3〕: 4〔個〕$$

$$V = \underline{1.8 \times 10^{-22}}〔cm^3〕$$

c：大きい方のイオンどうしが接し，かつ，大きい方のイオンと小さい方のイオンが接すると，右の図のようになる。

一辺と対角線の関係より，
$$2(R+r) \times \sqrt{2} = 4R$$
$$R = \frac{1}{\sqrt{2}-1}r = \underline{(\sqrt{2}+1)r}$$

R がこの値より大きくなると，大きいイオンどうしが接し，不安定な結晶となる。

第3章 物質の変化

1 化学反応と熱

1 ④

解説 ① 燃焼エンタルピーは，物質 1 mol が**完全燃焼**するときのエンタルピー変化である。正しい。

② 生成エンタルピーは，物質 1 mol が**成分元素の単体から生成**するときのエンタルピー変化である。正しい。

③ 中和エンタルピーは，**H⁺** と **OH⁻** が中和して水 1 mol が**生じる**ときのエンタルピー変化である。正しい。

④ 蒸発エンタルピーは，物質が蒸発するときのエンタルピー変化であり，蒸発は吸熱変化であるため，その値は正である。誤り。

⑤ 融解エンタルピーは，物質が融解するときのエンタルピー変化であり，融解は吸熱変化であるため，その値は正である。正しい。

2 ③

解説 ① ジエチルエーテル 1 mol が蒸発するときに 27 kJ の熱が**吸収**されるため，ジエチルエーテル 1 mol が凝縮するときには，27 kJ の熱が**放出**される。正しい。

$$C_2H_5OC_2H_5(液) \longrightarrow C_2H_5OC_2H_5(気) \quad \Delta H = 27 \text{ kJ}$$

② Mg の燃焼エンタルピーと MgO の生成エンタルピーは同じ値である。正しい。

$$Mg(固) + \frac{1}{2}O_2(気) \longrightarrow MgO(固) \quad \Delta H = -602 \text{ kJ}$$

③ CO の燃焼エンタルピーを ΔH〔kJ/mol〕とすると，

$$CO(気) + \frac{1}{2}O_2(気) \longrightarrow CO_2(気) \quad \Delta H〔kJ〕$$

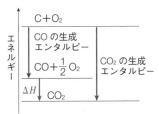

$\Delta H < 0$ より，「CO_2 1 mol のエンタルピー」は「CO 1 mol + O_2 $\frac{1}{2}$ mol のエンタルピーの和」よりも小さいことから，CO の生成エンタルピーの絶対値は CO_2 の生成エンタルピーの絶対値よりも**小さい**ことがわかる。誤り。

④ エタンの生成エンタルピーは，

$$2C(黒鉛) + 3H_2(気) \longrightarrow C_2H_6(気) \quad \Delta H_1 = -x〔kJ〕(x>0) \quad \cdots(i)$$

エチレンの生成エンタルピーは，

$$2C(黒鉛) + 2H_2(気) \longrightarrow C_2H_4(気) \quad \Delta H_2 = y〔kJ〕(y>0) \quad \cdots(ii)$$

(i)-(ii)より，$C_2H_4(気) + H_2(気) \longrightarrow C_2H_6(気) \quad \Delta H = -(x+y)〔kJ〕$

よって，エチレンからエタンが生成する反応は，発熱反応である。正しい。

⑤　中和エンタルピーが**負**であることから，塩酸と水酸化ナトリウム水溶液を中和させると，熱が**発生**する。正しい。

3 ①

解説 C（ダイヤモンド）＋ O$_2$（気）$\longrightarrow$ CO$_2$（気）　$\Delta H = -396$ kJ　　　…(i)

C（黒鉛）$\longrightarrow$ C（ダイヤモンド）　$\Delta H = 2$ kJ　　　…(ii)

C$_{60}$（フラーレン）＋ 60O$_2$（気）$\longrightarrow$ 60CO$_2$（気）　$\Delta H = -25930$ kJ　の式から，CO$_2$ 1 mol あたりのエンタルピー変化は

$$\frac{1}{60} C_{60}（フラーレン）＋ O_2（気）\longrightarrow CO_2（気）　\frac{1}{60}\Delta H = -432 \text{ kJ}　\cdots(iii)$$

与えられている条件をエンタルピー図で表すと，

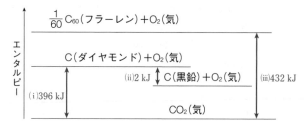

エンタルピー図より，物質のエンタルピーは，黒鉛＜ダイヤモンド＜フラーレンとなる。

4 ③

解説 アセチレンの生成エンタルピーを ΔH〔kJ/mol〕とする。与えられた反応エンタルピーの化学反応式は，

C$_2$H$_2$（気）の生成エンタルピー

2C（黒鉛）＋ H$_2$（気）$\longrightarrow$ C$_2$H$_2$（気）　ΔH〔kJ〕　　　…(i)

CO$_2$（気）の生成エンタルピー

C（黒鉛）＋ O$_2$（気）$\longrightarrow$ CO$_2$（気）　$\Delta H_1 = -394$ kJ　…(ii)

H$_2$O（気）の生成エンタルピー

$$H_2（気）＋ \frac{1}{2}O_2（気）\longrightarrow H_2O（気）　\Delta H_2 = -242 \text{ kJ}　\cdots(iii)$$

水の蒸発エンタルピー

H$_2$O（液）$\longrightarrow$ H$_2$O（気）　$\Delta H_3 = 44$ kJ　　　…(iv)

(i)～(iv)からアセチレンの完全燃焼の化学反応式を組み立てると，

$$-(\text{i}) \qquad\qquad\qquad C_2H_2(気) \longrightarrow 2C(黒鉛) + H_2(気) \quad -\Delta H (\text{kJ})$$

$$+(\text{ii})\times2 \quad 2C(黒鉛) + 2O_2(気) \longrightarrow 2CO_2(気) \qquad 2\Delta H_1 = -394\times2 \text{ kJ}$$

$$+(\text{iii}) \qquad H_2(気) + \frac{1}{2}O_2(気) \longrightarrow H_2O(気) \qquad\qquad \Delta H_2 = -242 \text{ kJ}$$

$$+)\ -(\text{iv}) \qquad\qquad\qquad H_2O(気) \longrightarrow H_2O(液) \qquad -\Delta H_3 = -44 \text{ kJ} \leftarrow$$

$$C_2H_2(気) + \frac{5}{2}O_2(気) \longrightarrow 2CO_2(気) + H_2O(液)$$

$$(-\Delta H - 394\times2 - 242 - 44)(\text{kJ})$$

アセチレンの燃焼エンタルピーより，

$-\Delta H - 394\times2 - 242 - 44 = -1309 \qquad \underline{\Delta H = 235}(\text{kJ/mol})$

> H₂O の状態を同じにするため，蒸発エンタルピーが必要！

---

5 ①

解説 $C_2H_4(気)$の燃焼エンタルピーを $\Delta H_1(\text{kJ/mol})$，$C_2H_5OH(液)$の燃焼エンタルピーを $\Delta H_2(\text{kJ/mol})$とすると，その化学反応式は，次のとおり。

$$C_2H_4(気) + 3O_2(気) \longrightarrow 2CO_2(気) + 2H_2O(液) \quad \Delta H_1(\text{kJ}) \quad \cdots(\text{i})$$

$$C_2H_5OH(液) + 3O_2(気) \longrightarrow 2CO_2(気) + 3H_2O(液) \quad \Delta H_2(\text{kJ}) \quad \cdots(\text{ii})$$

(i)−(ii)より，

$$C_2H_4(気) + H_2O(液) \longrightarrow C_2H_5OH(液) \quad (\Delta H_1 - \Delta H_2)(\text{kJ})$$

よって，C₂H₄(気)の燃焼エンタルピーとC₂H₅OH(液)の燃焼エンタルピーを用いると，ΔHを求めることができる。

※生成エンタルピーを用いて ΔHを求めるためには，H₂O(液)の生成エンタルピーが必要である。

---

6 ③

解説 A：希塩酸と水酸化カリウム水溶液の中和エンタルピーを表す化学反応式は，次のとおり。

$$HClaq + KOHaq \longrightarrow KClaq + H_2O(液) \quad \Delta H_1 = -56 \text{ kJ} \quad \cdots(\text{i})$$

中和熱は，酸・塩基の種類に関係なく，**H⁺ と OH⁻ 1 mol が反応**するときに発生する熱量なので，(i)は次のように書くことができる。

$$H^+aq + OH^-aq \longrightarrow H_2O(液) \quad \Delta H_1 = -56 \text{ kJ} \quad \cdots(\text{i})'$$

C：硫酸の溶解エンタルピーの化学反応式は，

$$H_2SO_4(液) + aq \longrightarrow 2H^+aq + SO_4^{2-}aq \quad \Delta H_2 = -95 \text{ kJ} \quad \cdots(\text{ii})$$

B：硫酸1 molと水酸化カリウム(固体)の反応の化学反応式は，

$$H_2SO_4(液) + 2KOH(固) + aq \longrightarrow K_2SO_4aq + 2H_2O(液)$$
$$\Delta H_3 = -323 \text{ kJ} \quad \cdots(\text{iii})$$

求めたい水酸化カリウムの溶解エンタルピーを $\Delta H(\text{kJ/mol})$とすると，

$$KOH(固) + aq \longrightarrow K^+aq + OH^-aq \quad \Delta H(\text{kJ}) \quad \cdots(\text{iv})$$

第3章 物質の変化

(i)′, (ii), (iv)より, (iii)の化学反応式を組み立てると,

(ii)	H_2SO_4(液) + aq	⟶	$2H^+$aq + $SO_4{}^{2-}$aq	$\Delta H_2 = -95$ kJ	
(iv)×2	2KOH(固) + aq	⟶	$2K^+$aq + $2OH^-$aq	$2\Delta H$〔kJ〕	
+) (i)′×2	$2H^+$aq + $2OH^-$aq	⟶	$2H_2O$(液)	$2\Delta H_1 = -56\times 2$ kJ	

$$H_2SO_4\text{(液)} + 2KOH\text{(固)} + aq \longrightarrow K_2SO_4aq + 2H_2O\text{(液)}$$

$$(-95 + 2\Delta H - 56\times 2)\text{〔kJ〕}$$

(iii)より, $-95 + 2\Delta H - 56\times 2 = -323$　　　$\Delta H = \underline{-58}$〔kJ/mol〕

---

7 ④

解説 NH_3(気) 1 mol 中の N–H 結合をすべて切断するのに必要なエンタルピー変化を ΔH〔kJ/mol〕とする。結合エネルギー(結合エンタルピー)の化学反応式は,

$$H_2\text{(気)} \longrightarrow 2H\text{(気)} \quad \Delta H_1 = 436 \text{ kJ} \qquad \cdots\text{(i)}$$
$$N_2\text{(気)} \longrightarrow 2N\text{(気)} \quad \Delta H_2 = 945 \text{ kJ} \qquad \cdots\text{(ii)}$$
$$NH_3\text{(気)} \longrightarrow N\text{(気)} + 3H\text{(気)} \quad \Delta H\text{〔kJ〕} \qquad \cdots\text{(iii)}$$

また, NH_3(気)の生成エンタルピーの化学反応式は次のとおり。

$$\frac{3}{2}H_2\text{(気)} + \frac{1}{2}N_2\text{(気)} \longrightarrow NH_3\text{(気)} \quad \Delta H = -46 \text{ kJ} \quad \cdots\text{(iv)}$$

(i), (ii), (iii)から(iv)を組み立てると,

(i)$\times\dfrac{3}{2}$	$\dfrac{3}{2}H_2$(気)	⟶	3H(気)	$\dfrac{3}{2}\Delta H_1 = 436\times\dfrac{3}{2}$ kJ
(ii)$\times\dfrac{1}{2}$	$\dfrac{1}{2}N_2$(気)	⟶	N(気)	$\dfrac{1}{2}\Delta H_2 = 945\times\dfrac{1}{2}$ kJ
+) $-$(iii)	N(気) + 3H(気)	⟶	NH_3(気)	$-\Delta H$〔kJ〕

$$\frac{3}{2}H_2\text{(気)} + \frac{1}{2}N_2\text{(気)} \longrightarrow NH_3\text{(気)} \quad \left(-\Delta H + 436\times\frac{3}{2} + 945\times\frac{1}{2}\right)\text{〔kJ〕}$$

(iv)の反応エンタルピーより,

$$-\Delta H + 436\times\frac{3}{2} + 945\times\frac{1}{2} = -46 \qquad \Delta H = 1172.5 \fallingdotseq \underline{1170}\text{〔kJ/mol〕}$$

---

2 熱量の計算

8 ⑥

解説 それぞれの完全燃焼の化学反応式は, 次のとおり。

メタン	CH_4(気) + $2O_2$(気)	⟶	CO_2(気) + $2H_2O$(液)	$\Delta H = -890$ kJ
エタン	C_2H_6(気) + $\dfrac{7}{2}O_2$(気)	⟶	$2CO_2$(気) + $3H_2O$(液)	$\Delta H = -1560$ kJ
エチレン	C_2H_4(気) + $3O_2$(気)	⟶	$2CO_2$(気) + $2H_2O$(液)	$\Delta H = -1410$ kJ
プロパン	C_3H_8(気) + $5O_2$(気)	⟶	$3CO_2$(気) + $4H_2O$(液)	$\Delta H = -2220$ kJ

これより，例えば，メタン CH_4 1 mol を完全燃焼させると，890 kJ の熱量が発生するとわかる。

1 kJ の熱量を発生させるときに発生する二酸化炭素の物質量は，

メタン：$\dfrac{1(kJ)}{890(kJ/mol)} \times 1 = \dfrac{1}{890}(mol)$

エタン：$\dfrac{1(kJ)}{1560(kJ/mol)} \times 2 = \dfrac{1}{780}(mol)$

エチレン：$\dfrac{1(kJ)}{1410(kJ/mol)} \times 2 = \dfrac{1}{705}(mol)$

プロパン：$\dfrac{1(kJ)}{2220(kJ/mol)} \times 3 = \dfrac{1}{740}(mol)$

よって，発生した二酸化炭素の物質量の多い順に並べると，
エチレン＞プロパン＞エタン＞メタン　の順となる。

---

9 a：③　　b：②

解説 a：水素の燃焼エンタルピーが -300 kJ/mol であることから，水素 1 mol を完全燃焼させると，300 kJ の熱量が発生するとわかる。同様のことがアセチレンにも言える。

混合気体中のアセチレンの物質量を $x(mol)$ とおくと，水素の物質量は $(1.0-x)(mol)$ となる。発生した熱量について，

$$\underbrace{1300(kJ/mol) \times x(mol)}_{\text{アセチレンの発熱量(kJ)}} + \underbrace{300(kJ/mol) \times (1.0-x)(mol)}_{\text{水素の発熱量(kJ)}} = \underbrace{800(kJ)}_{\text{全発熱量(kJ)}} \qquad x = 0.5(mol)$$

b：アセチレンと水素がそれぞれ完全燃焼するときの化学反応式は，

$$\begin{cases} \underset{0.5 \text{ mol}}{2C_2H_2} + 5O_2 \longrightarrow 4CO_2 + \underset{0.5 \text{ mol}}{2H_2O} \\ \underset{0.5 \text{ mol}}{2H_2} + O_2 \longrightarrow \underset{0.5 \text{ mol}}{2H_2O} \end{cases}$$

生じた水の質量は，　$(0.5+0.5)(mol) \times 18(g/mol) = 18(g)$

---

10 a：④　　b：①

解説 a：生成した二酸化炭素の物質量は，$\dfrac{3.30(g)}{44(g/mol)} = \dfrac{0.300}{4}(mol)$

この燃焼の化学反応式は，

$$\underbrace{C_3H_n + \left(3 + \dfrac{n}{4}\right)O_2}_{\times \frac{1}{3}} \longrightarrow 3CO_2 + \dfrac{n}{2}H_2O$$

これより，反応した C_3H_n は，$\dfrac{0.300}{4}\text{(mol)} \times \underbrace{\dfrac{1}{3}}_{\text{係数比}} = \dfrac{0.100}{4}\text{(mol)}$

1 mol の C_3H_n を完全燃焼させたときの発熱量は，$\dfrac{48.0\text{(kJ)}}{\dfrac{0.100}{4}\text{(mol)}} = 1920\text{(kJ/mol)}$

よって，C_3H_n の燃焼エンタルピーは $\underline{-1920}\text{(kJ/mol)}$ である。

b：この反応で生成した水は，$\dfrac{0.900\text{(g)}}{18\text{(g/mol)}} = \dfrac{0.100}{2}\text{(mol)}$

C_3H_n と H_2O の物質量比が，

$1 : \dfrac{n}{2} = \dfrac{0.100}{4} : \dfrac{0.100}{2}$ 　反応式の係数と mol が比例

$n = \underline{4}$

---

11 ⑦

解説 水酸化ナトリウムの物質量は，$0.030\text{(mol/L)} \times 1.0\text{(L)} = 0.030\text{(mol)}$

中和エンタルピーが -56 kJ/mol であることから，H^+，OH^- 1 mol ずつが中和反応すると 56 kJ の発熱が起こる。よって，中和反応した H^+，OH^- の物質量は，

$\dfrac{0.56\text{(kJ)}}{56\text{(kJ/mol)}} = 0.010\text{(mol)}$

これより，HCl の物質量も 0.010 mol となり，塩酸 1.0 L の濃度は 0.010 mol/L となる。混合後，中和して残った溶液中の水酸化物イオン濃度は，

$[OH^-] = \dfrac{\overset{\text{NaOH の }OH^- \quad \text{HCl の }H^+}{(0.030 - 0.010)}\text{(mol)}}{(1.0 + 1.0)\text{(L)}} = 1.0 \times 10^{-2}\text{(mol/L)}$

水のイオン積より，

$[H^+] = \dfrac{K_W}{[OH^-]} = \dfrac{1.0 \times 10^{-14}}{1.0 \times 10^{-2}} = 1.0 \times 10^{-12}\text{(mol/L)}$ 　　よって，pH $= \underline{12}$ となる。

---

12 ④

解説 溶解エンタルピーより，1 mol の塩化アンモニウムが水に溶解すると，15 kJ の吸熱が起こる。よって，塩化アンモニウムを加えることによる吸熱は，

$\dfrac{5.4\text{(g)}}{53.5\text{(g/mol)}} \times 15\text{(kJ/mol)} \fallingdotseq 1.51\text{(kJ)}$

水溶液の温度変化を $\Delta t \text{(℃)}$ とすると，

$1.51 \times 10^3\text{(J)} = (94.6 + 5.4)\text{(g)} \times 4.2\text{(J/(g·℃))} \times \Delta t\text{(℃)}$ 　　$\Delta t = 3.59 \fallingdotseq 3.6\text{(℃)}$

塩化アンモニウムの溶解は**吸熱反応**なので，温度が3.6℃低下するグラフ④が正解となる。

---

13 a：③　　b：②

解説 a：混合後の水溶液は100 mLなので，温度上昇の大きさをΔt〔℃〕とすると，

$$505〔J〕=100〔mL〕\times4.18〔J/(mL\cdot℃)〕\times\Delta t〔℃〕　　　\Delta t=1.20\fallingdotseq1.2〔℃〕$$

b：実験A，Bで用いた固体の水酸化ナトリウムの物質量は，

$$\frac{0.200〔g〕}{40〔g/mol〕}=0.00500〔mol〕$$

実験Aで用いた塩酸中のHClの物質量は，

$$0.1〔mol/L〕\times\frac{100}{1000}〔L〕=0.01〔mol〕$$

HClが過剰に存在するため，NaOH 0.00500 molはすべて反応する。

実験Aについて，水酸化ナトリウム1 molあたりの発熱量は，

$$\frac{505\times10^{-3}〔kJ〕}{0.00500〔mol〕}=101〔kJ/mol〕$$

よって，塩酸と固体の水酸化ナトリウムの反応の化学反応式は，次のようになる。

$$HClaq + NaOH（固）\longrightarrow NaClaq + H_2O（液）　\Delta H_1=-101\ kJ　\cdots(i)$$

実験Bについて，水酸化ナトリウム1 molあたりの発熱量は，

$$\frac{225\times10^{-3}〔kJ〕}{0.00500〔mol〕}=45〔kJ/mol〕$$

よって，固体の水酸化ナトリウムの溶解熱を表す化学反応式は，次のようになる。

$$NaOH（固） + aq \longrightarrow NaOHaq　\Delta H_2=-45\ kJ　　　　\cdots(ii)$$

(i)-(ii)より，

$$\begin{array}{rl}
(i)\ \ HClaq + NaOH（固）\longrightarrow NaClaq + H_2O（液） & \Delta H_1=-101\ kJ \\
+)\ \ \underline{-(ii)\ \ \ \ \ \ \ \ \ \ \ \ \ \ \ \ NaOHaq \longrightarrow NaOH（固） + aq}\ \ \ \ \ \ & \underline{\Delta H_2=45\ kJ} \\
HClaq + NaOHaq \longrightarrow NaClaq + H_2O（液） & (-101+45)\ kJ
\end{array}$$

$$\Delta H=-101+45=-56〔kJ/mol〕$$

---

14 ②

解説 用いた水の質量は，

$$d〔g/mL〕\times V〔mL〕=Vd〔g〕$$

よって，水溶液の質量は$(Vd+m)$〔g〕となる。

　1 molのNH_4NO_3が溶解すると26 kJの吸熱が起こる。溶解による温度降下の大きさをΔt〔℃〕とおくと，

$$26\times10^{3}〔J/mol〕\times\frac{m}{M}〔mol〕=(Vd+m)〔g〕\times c〔J/(g\cdot℃)〕\times\Delta t〔℃〕$$

よって，$\Delta t = \dfrac{2.6 \times 10^4 m}{c(Vd+m)M}$〔℃〕

したがって，溶解後の水溶液の温度は，

$$25 - \Delta t = 25 - \dfrac{2.6 \times 10^4 m}{c(Vd+m)M}\text{〔℃〕}$$

3 電池

15 ②

解説 ダニエル電池の各電極で起こる反応の化学反応式は，

正極（Cu板）：$Cu^{2+} + 2e^- \longrightarrow Cu$

負極（Zn板）：$Zn \longrightarrow Zn^{2+} + 2e^-$

① $CuSO_4$ 水溶液側では，青色の Cu^{2+} が消費されるため，しだいに**色は薄くなる**。正しい。

② 銅板上では，銅が析出するため，**水素は発生しない**。誤り。

③ 素焼き板を白金板に変えると，その間をイオンが通過できなくなるため，反応が起こらなくなる。正しい。

④ $CuSO_4$ 水溶液側では，Cu^{2+} がなくなっていくため，Cu^{2+} の濃度は**大きいほうが**電池はより**長もち**する。正しい。

⑤ Zn を Mg に変えても，以下の反応が起こるため，電子は流れる。正しい。

負極：$Mg \longrightarrow Mg^{2+} + 2e^-$

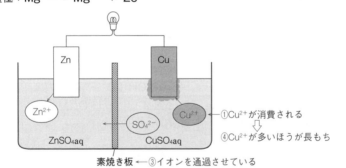

16 ⑥

解説 ダニエル電池からわかるように，電流はイオン化傾向の**小さい**金属（正極）からイオン化傾向の**大きい**金属（負極）に向かって流れる。よって，実験結果より，イオン化傾向に関して，B＜A，B＜C，A＜C とわかり，まとめると，**B＜A＜C** となる。

与えられている金属のイオン化傾向は，**Cu＜Zn＜Mg** であるため，A が Zn，B が Cu，C が Mg と決まる。

解説 a：鉛蓄電池の各電極で起こる反応の反応式は，

正極（B：PbO$_2$ 板）：PbO$_2$ + SO$_4^{2-}$ + 4H$^+$ + 2e$^-$ ⟶ PbSO$_4$ + 2H$_2$O

負極（A：Pb 板）：Pb + SO$_4^{2-}$ ⟶ PbSO$_4$ + 2e$^-$

（正極）+（負極）　より，

Pb + PbO$_2$ + 2H$_2$SO$_4$ ⟶ 2PbSO$_4$ + 2H$_2$O　…（＊）

PbO$_2$ は電子を受け取るため<u>還元</u>ₐされる。また，（＊）より，H$_2$SO$_4$ は H$_2$O に変化するため，硫酸の濃度は<u>減少する</u>ᵢ。

b：電子 1 mol が流れたと考えると，正極の PbO$_2$，負極の Pb ともに 0.50 mol 反応して，それぞれ PbSO$_4$ 0.50 mol になる。ただし，反応前後で<u>正極は SO$_2$(64 g/mol)，負極は SO$_4$(96 g/mol)</u>分変化することを考えると，それぞれの電極の質量変化は次のように計算できる。

正極：PbO$_2$ + SO$_4^{2-}$ + 4H$^+$ + 2e$^-$ ⟶ PbSO$_4$ + 2H$_2$O

　　　　　　　+SO$_2$

負極：Pb + SO$_4^{2-}$ ⟶ PbSO$_4$ + 2e$^-$

　　　+SO$_4$

正極（電極 B）の質量変化は，　1〔mol〕×$\dfrac{1}{2}$×64〔g/mol〕=**32**〔g〕増加
　　　　　　　　　　　　　　　　　　SO$_2$ 分増加

負極（電極 A）の質量変化は，　1〔mol〕×$\dfrac{1}{2}$×96〔g/mol〕=**48**〔g〕増加
　　　　　　　　　　　　　　　　　　SO$_4$ 分増加

よって，正極板が 32 mg 増加したとき，負極板が 48 mg 増加することがいえる。したがって，（**32**，**48**）を通る①が正解となる。

解説 電解液が酸性のとき，各電極で起こる反応は，

正極：O$_2$ + 4H$^+$ + 4e$^-$ ⟶ 2H$_2$O

負極：H$_2$ ⟶ 2H$^+$ + 2e$^-$

① （正極）+（負極）×2 とすると，**2H$_2$ + O$_2$ ⟶ 2H$_2$O** となる。これより，燃料電池は，<u>水素と酸素の反応で生じるエネルギーを電気エネルギー</u>として利用しているとわかる。正しい。

② 電子は，**<u>負極から正極</u>**に流れる。正しい。

③ 水素は，<u>酸化されて電子を失うので**負極**</u>，酸素は，<u>還元されて電子を受け取るので**正極**</u>となる。正しい。

④ 2H$_2$ + O$_2$ ⟶ 2H$_2$O の反応より，反応する<u>水素と酸素の体積比は 2：1 となる</u>。誤り。

4 電気分解

19 ⑤

解説 それぞれの選択肢の水溶液を電気分解したときの反応式は，次のとおり。

電子が $\dfrac{1930〔C〕}{96500〔C/mol〕} = 0.020〔mol〕$ 流れたときの生成物の物質量を考える。

① NaOH 水溶液

$OH^- = OH^- \oplus$
$$4OH^- \longrightarrow O_2 + 2H_2O + 4e^-$$
$$\quad 0.005 \qquad\qquad 0.020$$

$H^+ < Na^+ \ominus$
$$2H_2O + 2e^- \longrightarrow H_2 + 2OH^-$$
$$\quad 0.020 \qquad\quad 0.010$$

② Na$_2$SO$_4$ 水溶液

$OH^- < SO_4^{2-} \oplus$
$$2H_2O \longrightarrow O_2 + 4H^+ + 4e^-$$
$$\qquad\qquad 0.005 \qquad\qquad 0.020$$

$H^+ < Na^+ \ \ominus$
$$2H_2O + 2e^- \longrightarrow H_2 + 2OH^-$$
$$\quad 0.020 \qquad\quad 0.010$$

③ KCl 水溶液

$OH^- > Cl^- \oplus$
$$2Cl^- \longrightarrow Cl_2 + 2e^-$$
$$\quad 0.010 \qquad 0.020$$

$H^+ < K^+ \ominus$
$$2H_2O + 2e^- \longrightarrow H_2 + 2OH^-$$
$$\quad 0.020 \qquad\quad 0.010$$

④ CuCl$_2$ 水溶液

$OH^- > Cl^- \ \oplus$
$$2Cl^- \longrightarrow Cl_2 + 2e^-$$
$$\quad 0.010 \qquad 0.020$$

$H^+ > Cu^{2+} \ominus$
$$Cu^{2+} + 2e^- \longrightarrow Cu$$
$$\quad 0.020 \qquad\qquad 0.010$$

⑤ AgNO$_3$ 水溶液

$OH^- < NO_3^- \oplus$
$$2H_2O \longrightarrow O_2 + 4H^+ + 4e^-$$
$$\qquad\qquad 0.005 \qquad\qquad 0.020$$

$H^+ > Ag^+ \ \ominus$
$$Ag^+ + e^- \longrightarrow Ag$$
$$\quad 0.020 \quad 0.020 \qquad\quad 0.020$$

グラフより，生成した物質の物質量比が**(陽極)：(陰極)=1：4** となる。これを満たすのは，⑤の AgNO$_3$ 水溶液（1930 C のとき，O$_2$ **0.005 mol**，Ag **0.020 mol**）である。

20 ⑥

解説 燃料電池の各電極で起こる反応式は，

正極：$O_2 + 4H^+ + 4e^- \longrightarrow 2H_2O$

負極：$H_2 \longrightarrow 2H^+ + 2e^-$
$\quad\ \ 0.50 \qquad\qquad\ 1.0$

燃料電池の正極と接続されている銅電極 A が**陽極**で，負極と接続されている銅電極 B が**陰極**である。硫酸銅(Ⅱ)水溶液の電気分解の反応式は，

$OH^- < SO_4^{2-} \oplus$
$$Cu \longrightarrow Cu^{2+} + 2e^- \quad \cdots（銅電極 A）\leftarrow 陽極板の銅 Cu が溶解$$
$$0.50 \qquad\quad 1.0$$

$H^+ > Cu^{2+} \ominus$
$$Cu^{2+} + 2e^- \longrightarrow Cu \quad \cdots（銅電極 B）$$

電子 1.0 mol が流れたとき，銅電極 A で溶解した銅の質量は，

$$1.0〔mol〕\times \frac{1}{2} \bigg| \times 64〔g/mol〕 = 32〔g〕$$
$$\qquad\qquad Cu〔mol〕\leftarrow$$

よって，銅電極 A の質量は $100 - 32 = $ **68**〔g〕となる。

また，燃料電池で消費された水素の体積は，

$$1.0〔\text{mol}〕 \times \underbrace{\frac{1}{2}}_{H_2〔\text{mol}〕 \leftarrow} \times 22.4〔\text{L/mol}〕 = \textbf{11.2}〔\text{L}〕$$

よって，（**11.2**，**68**）を通る⑥が正解となる。

---

21 ④

解説 各電極で起こる反応の反応式は，

$$\begin{array}{l} OH^- > Cl^- \ \oplus \\ H^+ < Na^+ \ominus \end{array} \left\{ \begin{array}{l} 2Cl^- \longrightarrow Cl_2 + 2e^- \\ 2H_2O + 2e^- \longrightarrow H_2 + 2OH^- \end{array} \right.$$

反応式より，陽極では<u>塩素</u>，陰極では<u>水素</u>が発生する。また，陰極側では OH^- が<u>生成</u>するため，陽イオン交換膜を通って陽極側から陰極側へ Na^+ が移動する。

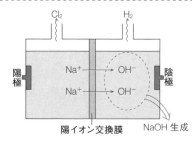

陽イオン交換膜　NaOH 生成

補足 この方法で陰極側に NaOH が生成するため，**NaOH の工業的製法**として利用されている。

---

5 反応速度

22 ②

解説 ① 反応は高温ほど速くなる。正しい。

② 温度を 20℃ 下げると，反応の速さは $\left(\dfrac{1}{2}\right)^2 = \dfrac{1}{4}$ 倍になる。誤り。

③ 反応物の濃度が高くなると，分子どうしの**衝突回数が増加**するため，反応速度は増大する。正しい。

④ 活性化エネルギーが小さくなると，<u>活性化エネルギー以上のエネルギーをもつ分子の数が増加し，遷移（活性化）状態をこえる分子の数が増加する</u>ため，反応速度は増大する。正しい。

⑤ 可逆反応では，見かけの反応速度は，時間とともに減少し，平衡状態になると 0 となる。正しい。

23 ③

解説 過酸化水素水に酸化マンガン(Ⅳ)を加えると，次の反応が進行する。

$$2H_2O_2 \longrightarrow 2H_2O + O_2$$

触媒(酸化マンガン(Ⅳ))の量を2倍にすると，反応速度は**増大**するため，反応開始時のグラフの傾きが増大するが，過酸化水素の量は変化していないため，最終的に発生する酸素の体積は変化しない。よって，③のグラフが正しい。

24 ④

解説 ① 酢酸エチルの濃度を高くすると，正反応の反応速度は**大きく**なる。誤り。

② 溶液の温度を高くすると，反応速度は正反応，逆反応ともに**増大**する。誤り。

③ 化学反応式より，酢酸エチルの物質量の減少量と，エタノールの物質量の増加量は等しいため，酢酸エチルの減少速度とエタノールの増加速度も等しい。誤り。

④ 平衡状態では，正反応と逆反応の反応速度は等しい。正しい。

⑤ エタノールを加えると，エタノールの濃度が増大するため，逆反応の反応速度が増大する。誤り。

25 a：⑤　　b：③

解説 a：過酸化水素の分解反応は，次のとおり。

$$2H_2O_2 \longrightarrow 2H_2O + O_2$$

0.10 mol 　　　　　　　　　　0.05 mol

×2

図2より，最終的に得られた酸素は0.050 molなので，はじめの過酸化水素の濃度は，

$$\frac{0.050\,〔mol〕 \times 2}{0.100\,〔L〕} = \underline{1.0}\,〔mol/L〕$$

b：図1より，20秒間で発生した酸素は0.0040 molなので，過酸化水素の分解速度は，

$$\frac{\dfrac{0.0040\,〔mol〕 \times 2}{0.200\,〔L〕}}{20\,〔s〕} = \underline{2.0 \times 10^{-3}}\,〔mol/(L\cdot s)〕$$

混合後の体積は200mL(=0.200L)

6 | 化学平衡

26 ②

解説 平衡状態における C の物質量を x〔mol〕とする。反応前後の物質量をまとめると，

	A	+	B	$\rightleftharpoons$	C	+	D	
反応前	1.0		1.0		0		0	〔mol〕
反応量	$-x$		$-x$		$+x$		$+x$	
平衡	$1.0-x$		$1.0-x$		x		x	

容器の体積を V〔L〕とすると，平衡定数の値より，

$$K = \frac{[C][D]}{[A][B]} = \frac{\left(\dfrac{x}{V}\right)\left(\dfrac{x}{V}\right)}{\left(\dfrac{1.0-x}{V}\right)\left(\dfrac{1.0-x}{V}\right)} \quad \text{すなわち，} \quad \left(\frac{x}{1.0-x}\right)^2 = 0.25$$

両辺の平方根をとると，

$$\frac{x}{1.0-x} = 0.50 \qquad x = \frac{1}{3} \fallingdotseq \underline{0.33}\,〔\text{mol}〕$$

> x, $1.0-x$ は，mol を表すため，正の値。よって，⊕のみ計算すればよい！

27 ③

解説 起こる反応の化学反応式は，次のとおり。

$$N_2O_4(\text{無色}) \rightleftharpoons 2NO_2(\text{褐色}) \quad \Delta H〔\text{kJ}〕(\Delta H > 0)$$

① 体積一定で温度を高くすると，**吸熱方向**である**右**に平衡が移動し，NO_2 の分子数は増加するため，褐色が濃くなる。誤り。

② 温度を変えると平衡が移動し，NO_2 の分子数が変化するため，色は変化する。誤り。

③ 圧力を急に減らすと，体積が大きくなるため，はじめ色が薄くなるが，気体の分子数の多い**右**に平衡が移動するため，NO_2 の分子数が増加し，**徐々に色が濃くなっていく**。正しい。

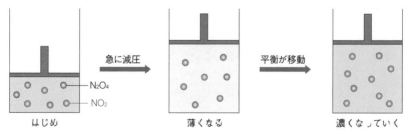

急に減圧 → 平衡が移動

N₂O₄ — NO₂

はじめ　　薄くなる　　濃くなっていく

④ 圧力を急に加えると，体積が小さくなるため，はじめ色が濃くなるが，気体の分子数の少ない**左**に平衡が移動するため，NO_2 の分子数が減少し，**徐々に色が薄くなっていく**。誤り。

⑤ 圧力を変えると平衡が移動し，NO_2 の分子数が変化するため，色は変化する。誤り。

28 ②

解説 ① 図より，高温のほうが平衡状態におけるアンモニアの量が少なく，平衡が左に移動していることがわかるため，逆反応が吸熱反応，すなわち，アンモニアの生成反応は**発熱反応**であることがわかる。誤り。

② 500℃におけるアンモニアの量は 400℃ よりも少ないため，平衡定数

$K = \dfrac{[NH_3]^2}{[N_2][H_2]^3}$ の値は小さい。正しい。

③ 温度に関わらず，アンモニアの生成量は時間とともに減少するため，生成速度は時間とともに小さくなる。誤り。

④ 触媒の種類を変えても，**平衡は移動しない**ため，平衡状態におけるアンモニアの生成量ははじめと変わらない。誤り。

---

29 a：③　b：④

解説 a：反応前後の物質量をまとめると，

	N_2	$+$	$3H_2$	$\rightleftarrows$	$2NH_3$	合計	
反応前	a		$3a$		0	$4a$	〔mol〕
反応量	$-b$		$-3b$		$+2b$		
反応後（平衡）	$a-b$		$3a-3b$		$2b$	$4a-2b$	

体積，温度一定のとき，**圧力と物質量は比例**するため，反応前後の圧力比は，

$$\frac{反応後}{反応前} = \frac{4a-2b}{4a} = 1 - \frac{b}{2a}$$

b：① 温度が高いと，**反応速度が大きくなる**ため，平衡に達するまでの時間は短くなる。誤り。

② 温度を高くすると，吸熱方向である**左**に平衡が移動し，アンモニアの物質量が減少するため，アンモニアの分圧は減少する。誤り。

③ 気体の物質量が一定であれば，ボイルの法則が成り立つため，体積を半分にした瞬間は圧力が 2 倍になるが，実際には，気体の分子数の減少する**右**に平衡が移動し，気体の物質量が減少するため，ボイルの法則は成立しない。誤り。

④ 触媒の量を変えても，**平衡は移動しない**ため，平衡状態におけるアンモニアの量は変化しない。正しい。

⑤ 平衡状態からアンモニアを取り除くと，**右**に平衡が移動し，アンモニアが生成する。誤り。

---

30 ③

解説 結果Ⅱより，平衡状態で X は 0.6 mol，Y，Z は 0.2 mol であるとわかる。よって，平衡状態になるまでに反応した X は 1.0 − 0.6 = 0.4〔mol〕であるとわかるため，反応量は，

$X : Y : Z = 0.4〔mol〕: 0.2〔mol〕: 0.2〔mol〕= 2 : 1 : 1$ となり，$a : b = \underline{2 : 1}$ と決定される。

また，**結果Ⅰ，Ⅱ**より，T_1 から T_2 に温度を上げると，Y の物質量が増加していることから，平衡が**右**に移動していることがわかる。よって，正反応は**吸熱反応**，すなわち，反応エンタルピー ΔH は正の値である。

---

31 ①

解説 平衡状態では，正反応と逆反応の反応速度が等しくなるため，$v_1 = v_2$ が成り立つ。よって，

$$k_1[A] = k_2[B][C]$$

となるため，平衡定数 K は次のように求められる。

$$K = \frac{[B][C]}{[A]} = \frac{k_1}{k_2} = \frac{1 \times 10^{-6}〔/s〕}{6 \times 10^{-6}〔L/mol\cdot s〕} = \frac{1}{6}〔mol/L〕$$

平衡状態における B のモル濃度を $x〔mol/L〕$ とする。反応前後のモル濃度をまとめると，

	A	$\rightleftharpoons$	B	+	C	
反応前	1.0		0		0	〔mol/L〕
反応量	$-x$		$+x$		$+x$	
平　衡	$1-x$		x		x	

平衡定数の値より，

$$K = \frac{[B][C]}{[A]} = \frac{x^2}{1-x} = \frac{1}{6}$$

$$6x^2 + x - 1 = 0$$

$$(3x-1)(2x+1) = 0$$

$$x = \underline{\frac{1}{3}}〔mol/L〕$$

---

7 電離平衡・溶解度積

32 ⑤

解説 グラフより，0.038 mol/L 酢酸水溶液の pH が 3.0 であるため，水素イオン濃度は $[H^+] = 1.0 \times 10^{-3}〔mol/L〕$ である。電離度を α とすると，

$$\underset{0.038\,mol/L}{CH_3COOH} \rightleftharpoons CH_3COO^- + \underset{1.0 \times 10^{-3}\,mol/L}{H^+}$$

$$0.038 \times \alpha = 1.0 \times 10^{-3} \qquad \alpha = 0.0263 ≒ \underline{0.026}$$

33 ②

解説 酢酸の電離は，次のように表される。

$$CH_3COOH \rightleftarrows CH_3COO^- + H^+ \quad \cdots(*)$$

酢酸に塩酸を混ぜると，**塩酸の H^+ により（*）の平衡が左に大きく移動するため，酢酸の電離により生じる水素イオンは無視**できる。よって，溶液中の水素イオン濃度は，

$$[H^+] = \frac{0.020[\text{mol/L}] \times \overbrace{\frac{50}{1000}[\text{L}]}^{\text{HCl の } H^+[\text{mol}]}}{\frac{50+50}{1000}[\text{L}]} = 1.0 \times 10^{-2}[\text{mol/L}]$$

また，（*）の平衡が左に大きく移動しているため，**酢酸は電離していないと近似でき**るので，酢酸の濃度は，

$$[CH_3COOH] = \frac{0.016[\text{mol/L}] \times \overbrace{\frac{50}{1000}[\text{L}]}^{CH_3COOH[\text{mol}]}}{\frac{50+50}{1000}[\text{L}]} = 8.0 \times 10^{-3}[\text{mol/L}]$$

酢酸の電離定数より，酢酸イオン濃度$[CH_3COO^-]$は，

$$K_a = \frac{[CH_3COO^-][H^+]}{[CH_3COOH]} = \frac{[CH_3COO^-] \times 1.0 \times 10^{-2}}{8.0 \times 10^{-3}} = 2.5 \times 10^{-5}[\text{mol/L}]$$

$$[CH_3COO^-] = \underline{2.0 \times 10^{-5}}[\text{mol/L}]$$

34 ①

解説 a：酢酸ナトリウムは完全に電離して存在している。正しい。

$$CH_3COONa \longrightarrow CH_3COO^- + Na^+$$

b：混合した酢酸と酢酸ナトリウムの物質量はいずれも，

$$0.1[\text{mol/L}] \times \frac{100}{1000}[\text{L}] = 0.01[\text{mol}]$$

CH_3COONa は完全に電離して CH_3COO^- に変化する一方，この多量の CH_3COO^- によって，CH_3COOH の電離はほぼ 0 とみなすことができるので，水溶液中の酢酸分子 CH_3COOH と酢酸イオン CH_3COO^- の物質量はほぼ等しい。正しい。

c：$CH_3COOH \rightleftarrows CH_3COO^- + H^+ \quad \cdots(*)$

酢酸と酢酸イオンの混合水溶液中に塩酸を加えると，（*）の平衡が左に移動し，加えた塩酸の H^+ は CH_3COO^- と反応し CH_3COOH に変化するため，水溶液中の水素イオン濃度の変化量は小さく，**pH はほとんど変化しない**。よって，この混合溶液は**緩衝液**である。正しい。

解説 $AgNO_3$ と $NaCl$ を混合すると，次の反応により，$AgCl$ の沈殿が生成する可能性がある。

$$Ag^+ + Cl^- \longrightarrow AgCl \downarrow$$

塩化銀の溶解度積を K_{sp} とすると，K_{sp} は次の式で表される。

$$K_{sp} = [Ag^+][Cl^-] = 1.8 \times 10^{-10} [(mol/L)^2]$$

すべて**イオンであると仮定**し，イオン積の値を計算すると（等量の溶液を混合すると，濃度が $\dfrac{1}{2}$ 倍になることを考慮する必要がある），

実験Ⅰ $[Ag^+][Cl^-] = \left(\dfrac{2.0 \times 10^{-3}}{2}\right) \times \left(\dfrac{2.0 \times 10^{-3}}{2}\right) = 1.0 \times 10^{-6} [(mol/L)^2]$

この値は，$AgCl$ の溶解度積 $1.8 \times 10^{-10} (mol/L)^2$ を超えるため，$AgCl$ の<u>沈殿が生成する</u>。

実験Ⅱ $[Ag^+][Cl^-] = \left(\dfrac{2.0 \times 10^{-5}}{2}\right) \times \left(\dfrac{2.0 \times 10^{-5}}{2}\right) = 1.0 \times 10^{-10} [(mol/L)^2]$

この値は，$AgCl$ の溶解度積 $1.8 \times 10^{-10} (mol/L)^2$ を超えないため，<u>沈殿は生成しない</u>。

実験Ⅲ $[Ag^+][Cl^-] = \left(\dfrac{2.0 \times 10^{-5}}{2}\right) \times \left(\dfrac{1.0 \times 10^{-5}}{2}\right) = 5.0 \times 10^{-11} [(mol/L)^2]$

この値は，$AgCl$ の溶解度積 $1.8 \times 10^{-10} (mol/L)^2$ を超えないため，<u>沈殿は生成しない</u>。

Point **沈殿の有無の判別**

　すべて**イオンであると仮定**し，そのイオン積の値を求める。
　(1) 求めたイオン積の値 $\leq K_{sp}$ ⇒ 沈殿しない
　(2) 求めたイオン積の値 $> K_{sp}$ ⇒ 沈殿生成

解説 溶液中のイオン濃度について，

$$[Ag^+][Cl^-] > K_{sp}$$

の関係が成立すると沈殿は生成する。この式を変形すると，

$$[Cl^-] > \dfrac{K_{sp}}{[Ag^+]}$$

ただし，2つの**溶液を同体積ずつ混合すると濃度が** $\dfrac{1}{2}$ **倍になる**ことを考慮すると，混合直後の各イオンのモル濃度〔mol/L〕は次ページのようになる。

	$[Ag^+]$〔$\times 10^{-5}$ mol/L〕	$[Cl^-]$〔$\times 10^{-5}$ mol/L〕
ア	0.50	0.50
イ	1.0	1.0
ウ	1.5	1.5
エ	2.0	1.0
オ	2.5	0.50

このデータをグラフ上にとると次のとおり。

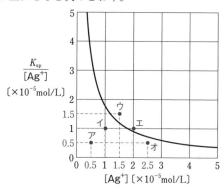

$[Cl^-] > \dfrac{K_{sp}}{[Ag^+]}$ の関係を満たす<u>ウ，エ</u>では沈殿が生成する。

応用問題 | 物質の変化

37 問1 ④　　問2 1：①　2：③　3：②

解説 分子量の値より，ア～オのアルカンは以下のとおり。

ア：CH_4（分子量 16）　　イ：C_2H_6（分子量 30）　　ウ：C_3H_8（分子量 44）

エ：C_4H_{10}（分子量 58）　　オ：C_5H_{12}（分子量 72）

問1　aの条件より 1.013×10^5 Pa における**沸点が 20℃以下**であるがそれほど低い値ではなく，bの条件より**蒸気圧が低いエ**がアルカン X であると考えられる。

問2　X の生成エンタルピーを ΔH〔kJ/mol〕とする。生成エンタルピーの化学反応式は，

$$4C(黒鉛) + 5H_2(気) \longrightarrow C_4H_{10}(気) \quad \Delta H \text{〔kJ〕} \quad \cdots (1)$$

$$C(黒鉛) + O_2(気) \longrightarrow CO_2(気) \quad \Delta H_1 = -394 \text{ kJ} \quad \cdots (2)$$

$$H_2(気) + \frac{1}{2}O_2(気) \longrightarrow H_2O(液) \quad \Delta H_2 = -286 \text{ kJ} \quad \cdots (3)$$

また，X の燃焼エンタルピーは，

$$C_4H_{10}(気) + \frac{13}{2}O_2(気) \longrightarrow 4CO_2(気) + 5H_2O(液) \quad \Delta H_3 = -2878 \text{ kJ} \quad \cdots (4)$$

(1)～(3)から(4)の化学反応式をつくると,

$$- (1) \qquad C_4H_{10}(気) \longrightarrow 4C(黒鉛) + 5H_2(気) \quad -\Delta H〔kJ〕$$
$$+ (2)×4 \quad 4C(黒鉛) + 4O_2(気) \longrightarrow 4CO_2(気) \quad 4\Delta H_1 = -394×4 \text{ kJ}$$
$$\underline{+) \quad + (3)×5 \quad 5H_2(気) + \frac{5}{2}O_2(気) \longrightarrow 5H_2O(液) \quad 5\Delta H_2 = -286×5 \text{ kJ}}$$

$$C_4H_{10}(気) + \frac{13}{2}O_2(気) \longrightarrow 4CO_2(気) + 5H_2O(液) + (-\Delta H - 394×4 - 286×5) \text{ kJ}$$

$$-\Delta H - 394×4 - 286×5 = -2878$$
$$\Delta H = -128 ≒ \underline{-1.3×10^2}〔kJ/mol〕$$

---

38 a：④   b：⑥   c：⑤

解説 a：①,② MnO_2 や Fe^{3+}, 肝臓に含まれるカタラーゼなどは過酸化水素の分解反応の**触媒**としてはたらくため,加えることで反応速度が大きくなる。正しい。

③ 温度を上げると反応速度が大きくなる。正しい。

④ MnO_2 は触媒としてはたらき,反応前後でそれ自身は変化しないため,Mn 原子の酸化数の変化はない。誤り。

b：(1)の化学反応式より,O_2 が 1 mol 発生すると H_2O_2 が **2 mol** 消費されるため,$\underline{H_2O_2}$ の分解速度は O_2 の発生速度の **2倍** である。

H_2O_2 の分解反応の反応速度は,

$$\frac{(0.747 - 0.417)×10^{-3}〔mol〕×2}{(2.0-1.0)〔min〕×\dfrac{10.0}{1000}〔L〕} = 6.6×10^{-2}〔mol/L·min〕$$

c：過酸化水素の分解反応は $v = k[H_2O_2]$ で表されるため,反応速度定数 k が2倍になると,同じ濃度の過酸化水素水の分解の反応速度も2倍になる。ただし,最終的な酸素 O_2 の発生量は変わらない。以上より,もとの実験と同じ量の酸素が発生するまでの時間が半分になることから,反応開始から $\dfrac{10}{2} = 5$ 分後に,O_2 が $1.81×10^{-3}$ mol 発生する⑤のグラフが正しい。

---

39 問1 ④   問2 a 1：③ 2：②   b ⑤   問3 ④   問4 ③

解説 問1 空気中の二酸化炭素の分圧は,

$$\frac{0.040}{100} × 1.0×10^5 = 40〔Pa〕$$

ヘンリーの法則より,水 1.0 L に溶ける CO_2 の物質量は,

$$0.033〔mol〕 × \underbrace{\frac{40〔Pa〕}{1.0×10^5〔Pa〕}}_{圧力比} = 1.32×10^{-5} ≒ \underline{1.3×10^{-5}}〔mol〕$$

問2　a　式(2)の電離定数を考えればよい。

$$K_2 = \frac{[CO_3^{2-}][H^+]}{[HCO_3^-]} = [H^+] \times \frac{[CO_3^{2-}]}{[HCO_3^-]}$$

　　b　両辺の常用対数をとって−1倍すると，

$$-\log_{10}K_2 = -\log_{10}[H^+] - \log_{10}\frac{[CO_3^{2-}]}{[HCO_3^-]}$$

　　図1より，$[HCO_3^-] = [CO_3^{2-}]$ となる pH は，**実線と破線の交点**より 10.3 であると読み取ることができる（下図）。$[HCO_3^-] = [CO_3^{2-}]$ のとき，

$$\log_{10}\frac{[CO_3^{2-}]}{[HCO_3^-]} = 0 \quad となるため，求める値は，$$

$$pK_2 = -\log_{10}K_2 = -\log_{10}[H^+] = \underline{10.3}$$

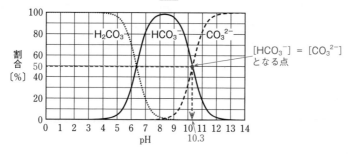

問3　$[H^+] = 10^{-pH}$〔mol/L〕と表すことができる。pH が 8.17 から 8.07 に低下したときの水素イオン濃度の比は，

$$\frac{10^{-8.07}}{10^{-8.17}} = 10^{8.17-8.07} = 10^{0.10}〔倍〕$$

　　表の値より，$\log_{10}1.26 = 0.100$ となることから，$10^{0.10} = 1.26 \doteqdot \underline{1.3}$ 倍と求められる。

問4　図2より，600 Pa において温度を下げると，20℃〜−125℃では**気体**で存在し，−125℃〜−140℃では**固体**で存在することがわかる。

　　シャルルの法則より，圧力一定のとき，気体の CO_2 の体積は絶対温度に比例するため，摂氏温度に対し体積は直線的に変化することがわかる。

$$\frac{V}{T} = k（一定）より，\quad V = k(t + 273)$$

　　さらに，気体に比べ固体の体積はとても小さいため，−125℃で体積が急激に小さくなる。この関係を表すグラフは，③である。

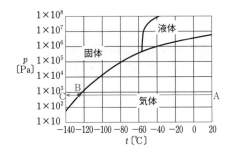

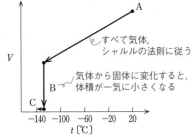

気体から固体に変化すると, 体積が一気に小さくなる

第4章　無機物質

1　気体の製法・性質

1 ②

解説 ア：アルミニウム Al と水酸化ナトリウム NaOH 水溶液を反応させると，**水素 H_2** が発生し，**水上置換**で捕集する。

$$2Al + 2NaOH + 6H_2O \longrightarrow 2Na[Al(OH)_4] + 3H_2 \uparrow \quad (\Rightarrow 本冊\ p.77)$$

イ：フッ化カルシウム CaF_2 と濃硫酸 H_2SO_4 を反応させると，**フッ化水素 HF** が発生し，**下方置換**で捕集する。

$$CaF_2 + H_2SO_4 \longrightarrow CaSO_4 + 2HF \uparrow$$

ウ：硫化鉄（Ⅱ）FeS と希硫酸 H_2SO_4 を反応させると，**硫化水素 H_2S** が発生し，**下方置換**で捕集する。

$$FeS + H_2SO_4 \longrightarrow FeSO_4 + H_2S \uparrow$$

エ：塩素酸カリウム $KClO_3$ に酸化マンガン（Ⅳ）MnO_2 触媒を作用させると，**酸素 O_2** が発生し，**水上置換**で捕集する。

$$2KClO_3 \longrightarrow 2KCl + 3O_2 \uparrow$$

オ：亜鉛 Zn と希塩酸 HCl を反応させると，**水素 H_2** が発生し，**水上置換**で捕集する。

$$Zn + 2HCl \longrightarrow ZnCl_2 + H_2 \uparrow$$

よって，水上置換で捕集できないものは，<u>イとウ</u>である。

2 ③

解説 この実験でアンモニアを得る反応の化学反応式は，次のとおり。

$$2NH_4Cl + Ca(OH)_2 \longrightarrow CaCl_2 + 2NH_3 \uparrow + 2H_2O$$

① アンモニアを発生させるためには，**アンモニウム塩と強塩基**を反応させればよいため，**硫酸アンモニウムと水酸化ナトリウム**を用いてもアンモニアが発生する。正しい。

$$(NH_4)_2SO_4 + 2NaOH \longrightarrow Na_2SO_4 + 2NH_3 \uparrow + 2H_2O$$

② 生成した水が加熱部に戻らないよう，試験管の口を下に向ける必要がある。正しい。

③ 濃硫酸は，**酸性乾燥剤**なので，塩基性である **NH_3** の乾燥には使えない。誤り。

④ アンモニアは，水に溶けやすく，空気より軽い気体であるため，**上方置換**で捕集する。正しい。

⑤ アンモニアは，塩基性であるため，湿った**赤色リトマス紙を青変**させることで検出できる。正しい。

3 ①

解説 ① 塩素を水に溶かした溶液は，**酸性**を示す。誤り。
② 硫化水素は，**無色・腐卵臭・有毒**の気体である。正しい。
③ 一酸化炭素は，**無色・無臭・有毒**の気体である。正しい。
④ 二酸化炭素を水に溶かした溶液は，**弱酸性**を示す。正しい。
⑤ メタンは，**無色・無臭**の気体である。正しい。

4 ⑤

解説 ① 一酸化炭素(気体 A)は**水に溶けにくく**，塩化水素(気体 B)は非常に**水に溶けやすい**ため，混合気体を水に通すと，塩化水素を除去することができる。適当。
② 酸素(気体 A)は**石灰水と反応しない**が，二酸化炭素(気体 B)は**石灰水と反応する**ため，混合気体を石灰水に通すと，二酸化炭素を除去することができる。適当。
$$Ca(OH)_2 + CO_2 \longrightarrow CaCO_3\downarrow + H_2O$$
③ 窒素(気体 A)は**中性**で水酸化ナトリウムと反応しないが，二酸化硫黄(気体 B)は**酸性**で**水酸化ナトリウムと反応する**ため，混合気体を水酸化ナトリウム水溶液に通すと二酸化硫黄を除去することができる。適当。
④ 濃硫酸は，**酸性乾燥剤**であるため，水蒸気(気体 B)を除去することができる。適当。
⑤ 二酸化窒素(気体 A)は**水に溶けやすく**，一酸化窒素(気体 B)は**水に溶けにくい**ため，混合気体を水に通すと，二酸化窒素(気体 A)を除去することができる。適当でない。

2 非金属元素

5 ④

解説 ① フッ素は，水と反応し，**酸素**が発生する。正しい。
$$2F_2 + 2H_2O \longrightarrow 4HF + O_2\uparrow$$
② 塩素を水に溶かすと，塩化水素と**次亜塩素酸**が生成する。正しい。
$$Cl_2 + H_2O \rightleftarrows HCl + HClO$$
③ 臭素は，常温で**赤褐色**の**液体**である。正しい。
④ 塩素は，臭素より**酸化力が強い**ため，臭素 Br_2 は，塩化物イオン Cl^- を酸化することができない。よって，臭素を塩化カリウム水溶液に加えても，反応は起こらない。誤り。
⑤ ヨウ素は，水に溶りにくいが，**ヨウ化カリウム水溶液には溶ける**。正しい。
⑥ ヨウ素は，常温で**黒紫色**の**固体**である。正しい。

6 ②

解説 ① ハロゲンの単体の融点・沸点は，分子量が大きいほど高くなるため，$Cl_2 < Br_2 < I_2$ となる。正しい。

② ハロゲンの単体の酸化力は，原子番号が小さいほど強いため，$Cl_2 > Br_2 > I_2$ となる。誤り。

③ AgF は，水に**溶けやすい**が，$AgCl$，$AgBr$，AgI は，水に**溶けにくい**。正しい。

④ $AgCl$，$AgBr$，AgI は，**光**を照射すると，分解されて**銀**が**析出**する。正しい。

$$2AgCl \longrightarrow 2Ag + Cl_2$$

⑤ HF の水溶液は，**弱酸**であるが，HCl，HBr，HI の水溶液は，**強酸**である。正しい。

7 ②

解説 ① 硫黄を空気中で燃焼すると，二酸化硫黄が得られる。正しい。

$$S + O_2 \longrightarrow SO_2$$

② 二酸化硫黄に硫化水素を反応させると，**硫黄**が生成する。このとき，二酸化硫黄が**酸化剤**，硫化水素が**還元剤**としてはたらいている。誤り。

$$SO_2 + 2H_2S \longrightarrow 3S + 2H_2O$$

③ 二酸化硫黄を**酸化バナジウム(V)**を触媒として酸素と反応させると，**三酸化硫黄**が生成する。正しい。

$$2SO_2 + O_2 \longrightarrow 2SO_3$$

④ 硫化水素の水溶液は，**弱酸性**を示す。正しい。

⑤ 鉛蓄電池を放電すると，両極の表面に**硫酸鉛(Ⅱ)**が生じる。正しい。

$$Pb + PbO_2 + 2H_2SO_4 \longrightarrow 2PbSO_4 + 2H_2O$$

8 ②

解説 ① 一酸化窒素は，白金を触媒として，アンモニアを酸素と反応させると得られる。正しい。

$$4NH_3 + 5O_2 \longrightarrow 4NO + 6H_2O$$

② 一酸化窒素は，水に**溶けにくい**気体である。誤り。

③ 二酸化窒素は，一酸化窒素が酸素と速やかに反応して得られる。正しい。

$$2NO + O_2 \longrightarrow 2NO_2$$

④ 二酸化窒素と水が反応し，硝酸と一酸化窒素が得られる反応の化学反応式は，

$$3NO_2 + H_2O \longrightarrow 2HNO_3 + NO$$

反応式より，HNO_3 と NO の物質量の比は $2:1$ で得られる。正しい。

⑤ オストワルト法では，④の反応で得られた NO は，③の反応に再利用される。正しい。

9 ⑤

解説 ① リンは，窒素と同じ15族元素である。正しい。
② 赤リンと黄リンのうち，反応性が低いのは，赤リンである。正しい。
③ リンの単体を燃焼すると，**十酸化四リン**が得られる。正しい。

$$4P + 5O_2 \longrightarrow P_4O_{10}$$

④ 十酸化四リンに水を加えて加熱すると，**リン酸**が得られる。正しい。

$$P_4O_{10} + 6H_2O \longrightarrow 4H_3PO_4$$

⑤ リン酸 H_3PO_4 は，**3価**の酸である。誤り。

10 ②

解説 ① 一酸化炭素と水素を，触媒を用いて反応させると，メタノールが得られる。正しい。

$$CO + 2H_2 \longrightarrow CH_3OH$$

② 一酸化炭素は，高温で強い**還元作用**をもつ。誤り。
③ 一酸化炭素は，**毒性**の強い気体である。正しい。
④ 二酸化炭素の水溶液は，**弱酸性**を示す。正しい。
⑤ 二酸化炭素の固体であるドライアイスは，**昇華性**をもつ。正しい。
⑥ 炭酸ナトリウムに希塩酸を加えると，二酸化炭素が得られる。正しい。

$$Na_2CO_3 + 2HCl \longrightarrow 2NaCl + CO_2 + H_2O$$

11 ⑥

解説 ① 地殻中に存在する元素の割合は，**酸素＞ケイ素＞アルミニウム＞鉄**となる。正しい。
② ケイ素の価電子数は4である。正しい。
③ ケイ素の単体の結晶は，ダイヤモンドの結晶と同様の構造をもつ。正しい。
④ ケイ素の結晶は，**半導体**の性質を示す。正しい。
⑤ 水晶は二酸化ケイ素の結晶である。正しい。
⑥ シリカゲルは，**ケイ酸**を加熱乾燥したものである。水ガラスは，**ケイ酸ナトリウム**に水を加えて加熱すると得られる，粘性の高い液体である。誤り。

12 ⑤

解説 ① 第2周期14族元素は C であり，その水素化合物であるメタン CH_4 は，水に**溶けにくい**気体である。正しい。

② 第2周期15族元素は N であり，その水素化合物であるアンモニア NH_3 の水溶液は，**塩基性**を示す。正しい。

③ 第3周期16族元素は S であり，その水素化合物である硫化水素 H_2S は，**腐卵臭**をもつ**有毒**気体である。正しい。

④ 第2周期，第3周期の17族元素は F と Cl であり，その水素化合物であるフッ化水素 HF，塩化水素 HCl の水溶液は，いずれも**酸性**を示す。正しい。

⑤ 第2周期14～17族元素の水素化合物 CH_4，NH_3，H_2O，HF のうち，水 H_2O のみが，常温・常圧で**液体**であり，その他は常温・常圧で気体である。誤り。

3 典型金属元素

13 ②

解説 ① 炭酸ナトリウム十水和物 $Na_2CO_3 \cdot 10H_2O$ の固体は，**風解性**を示し，空気中に放置すると，水和水の一部が失われ，$\mathbf{Na_2CO_3 \cdot H_2O}$ に変化する。正しい。

② 炭酸水素ナトリウム $NaHCO_3$ は，空気中に放置しても，変化しない。誤り。

③ 水酸化カリウム KOH は，強塩基性であるため，空気中に放置すると，二酸化炭素と反応し，**炭酸カリウム K_2CO_3** を生じる。正しい。

$$2KOH + CO_2 \longrightarrow K_2CO_3 + H_2O$$

④ 炭酸カルシウムの沈殿を含む水溶液に二酸化炭素を吹き込むと，**炭酸水素カルシウム $Ca(HCO_3)_2$** が生成し，沈殿が溶解する。正しい。

$$CaCO_3 + CO_2 + H_2O \longrightarrow Ca(HCO_3)_2 \quad (\rightarrow 本冊 p.70)$$

⑤ 炭酸カルシウム $CaCO_3$ を加熱すると，分解して**酸化カルシウム CaO** と二酸化炭素 $\mathbf{CO_2}$ が生じる。正しい。

$$CaCO_3 \longrightarrow CaO + CO_2$$

14 ⑤

解説 アンモニアソーダ法のすべての過程で起こる反応は，次のとおり。

(a) $NaCl + \mathbf{NH_3} + \mathbf{CO_2} + H_2O \longrightarrow NaHCO_3 + NH_4Cl$

(b) $2NaHCO_3 \longrightarrow Na_2CO_3 + \mathbf{CO_2} + H_2O$

(c) $CaCO_3 \longrightarrow CaO + \mathbf{CO_2}$

(d) $CaO + H_2O \longrightarrow Ca(OH)_2$

(e) $Ca(OH)_2 + 2NH_4Cl \longrightarrow CaCl_2 + \mathbf{2NH_3} + 2H_2O$

(a)×2＋(b)＋(c)＋(d)＋(e)より，1つにまとめると，

(f) $2NaCl + CaCO_3 \longrightarrow Na_2CO_3 + CaCl_2$

図中の化合物 A は**アンモニア NH₃**，B は**二酸化炭素 CO₂** である。

① NH_3 は，水によく溶け，その水溶液は**塩基性**を示す。正しい。

② CO_2 を石灰水に通すと，**炭酸カルシウム**が沈殿して白濁する。正しい。

　　$Ca(OH)_2 + CO_2 \longrightarrow CaCO_3 \downarrow + H_2O$

③ 塩化ナトリウム水溶液にアンモニアと二酸化炭素を吹き込むと，**炭酸水素ナトリウム NaHCO₃** が沈殿する(式(a)の反応式)。正しい。

④ 式(a)で **NH₃ は NH₄Cl に変化し**，式(e)で **NH₄Cl は NH₃ に変化する**。そのほかに NH_3，NH_4Cl が関わる反応がないため，NH_3 と NH_4Cl の物質量の合計は変わらない。正しい。

⑤ 式(f)より，NaCl と $CaCO_3$ の物質量比は 2：1 である。誤り。

---

15 ④

解説 ① アルミニウムは，氷晶石に酸化アルミニウムを溶かし，電気分解(**溶融塩電解**)することで得られる。正しい。

② アルミニウムは，鉄よりも密度が小さい。正しい。

③ アルミニウムを強塩基の水溶液に加えると，水素を発生しながら溶解する。正しい。

　　$2Al + 2NaOH + 6H_2O \longrightarrow 2Na[Al(OH)_4] + 3H_2 \uparrow$

④ アルミニウムは，**不動態**を形成するため，**濃硝酸には溶けない**が，希硝酸には溶ける。誤り。

⑤ ミョウバンは，化学式で **AlK(SO₄)₂·12H₂O** と表され，**硫酸カリウム K₂SO₄** と**硫酸アルミニウム Al₂(SO₄)₃** の混合水溶液から得られる。正しい。

---

16 ③

解説 ① マグネシウムは冷水とはほとんど反応しないが，**熱水**と反応し，水素を発生する。正しい。

　　$Mg + 2H_2O \longrightarrow Mg(OH)_2 + H_2 \uparrow$

② アルミニウムを空気中に放置すると，表面に緻密な**酸化被膜**が生じる。正しい。

③ カルシウムは，冷水と反応し，**水素**が発生する。誤り。

　　$Ca + 2H_2O \longrightarrow Ca(OH)_2 + H_2 \uparrow$

④ スズは，両性金属であるため，強塩基の水溶液と反応し，溶ける。正しい。

⑤ 銀は，すべての金属のうちで**最も熱・電気伝導性が大きい**。正しい。

⑥ 水銀は，さまざまな金属を溶かし，合金(**アマルガム**)をつくる。正しい。

17 ⑤

解説 ① 酸化アルミニウム Al_2O_3 を水酸化ナトリウム水溶液と反応させると，**テトラヒドロキシドアルミン酸ナトリウム $Na[Al(OH)_4]$** を生じる。正しい。

$$Al_2O_3 + 2NaOH + 3H_2O \longrightarrow 2Na[Al(OH)_4]$$

② 酸化ナトリウム Na_2O を水に加えると，**水酸化ナトリウム $NaOH$** が生じる。正しい。

$$Na_2O + H_2O \longrightarrow 2NaOH$$

③ 十酸化四リン P_4O_{10} を水に加えて加熱すると，**リン酸 H_3PO_4** が得られる。正しい。

$$P_4O_{10} + 6H_2O \longrightarrow 4H_3PO_4$$

④ 酸化カルシウム CaO を希塩酸に加えると，**塩化カルシウム $CaCl_2$** が生じる。正しい。

$$CaO + 2HCl \longrightarrow CaCl_2 + H_2O$$

⑤ 酸化鉛(Ⅳ)PbO_2 は，希硫酸と反応しない。Pb と PbO_2 を導線で接続し，希硫酸に浸すと硫酸鉛(Ⅱ)$PbSO_4$ が生じる(鉛蓄電池)。誤り。

18 ③

解説 ① SiO_2 が主成分のガラスは，**フッ化水素酸**(HF の水溶液)と反応して腐食されるため，フッ化水素酸は，ポリエチレン製のびんに保存する。正しい。

$$SiO_2 + 6HF \longrightarrow H_2SiF_6 + 2H_2O$$

② 水酸化ナトリウムは**潮解性**があるため，密閉して保存する。正しい。

③ ナトリウムは，酸素や水と反応するが，**エタノールとも反応する**ため，エタノール中に保存することはできない。**石油**中に保存する。誤り。

④ 黄リンは，空気中で自然発火するため，**水**中に保存する。正しい。

⑤ 濃硝酸は，光で分解するため，**褐色びん**に保存する。正しい。

4 遷移元素・金属イオンの反応

19 ③

解説 金属イオンは，次のように分離される。

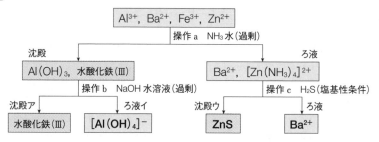

① **操作a**で，アンモニア水を少量加えただけでは，Zn^{2+} は $Zn(OH)_2$ の**白色沈殿**となるため，沈殿ウの ZnS として Zn^{2+} を分離することができない。正しい。

② **操作b**では，$Al(OH)_3$ の沈殿を完全に溶解させるため，水酸化ナトリウム水溶液を過剰に加える必要がある。正しい。

③ **操作c**で，ろ液を酸性にしてしまうと，ZnS が沈殿しなくなる。誤り。

④ 沈殿アの水酸化鉄(Ⅲ)を塩酸に溶かして Fe^{3+} とし，$K_4[Fe(CN)_6]$（ヘキサシアニド鉄(Ⅱ)酸カリウム）水溶液を加えると，**濃青色沈殿**が生じる。正しい。

⑤ ろ液イに塩酸を少しずつ加えると，**両性水酸化物**である $Al(OH)_3$ の白色沈殿が生成する。正しい。
$$[Al(OH)_4]^- + H^+ \longrightarrow Al(OH)_3\downarrow + H_2O$$

⑥ 沈殿ウの ZnS は，**白色沈殿**である。正しい。

20 ③

解説 ① 鉄は，アルミニウムよりも密度が大きい。正しい。

② **ステンレス鋼**は**鉄**を主成分とし，クロム，ニッケルなどを混ぜてつくられた合金である。正しい。

③ 銀は，すべての金属のうちで**最も熱・電気伝導性**が大きい。誤り。

④ 赤さびの主成分は，**酸化鉄(Ⅲ)Fe_2O_3** で，Fe の酸化数は +3 である。正しい。

⑤ Fe^{3+} に**チオシアン酸カリウム KSCN** 水溶液を加えると，**血赤色溶液**となる。正しい。

21 ①

解説 ① Cu^{2+} を含む硫酸銅(Ⅱ)水溶液に，硫化水素 H_2S を吹き込むと，液性に関係なく **CuS の黒色沈殿**が生じる。誤り。

② Cu^{2+} を含む硫酸銅(Ⅱ)水溶液に，アンモニア水を少量加えると，**$Cu(OH)_2$ の青白色沈殿**が生じるが，さらに加えると，**$[Cu(NH_3)_4]^{2+}$** が生じて**深青色溶液**となる。正しい。

③ イオン化傾向が **Zn>Cu** であるため，Cu^{2+} を含む硫酸銅(Ⅱ)水溶液に亜鉛を加えると，単体の**銅 Cu** が析出する。正しい。

④ 銅の電解精錬では，陽極に用いた**粗銅が溶解**し，陰極に用いた純銅上に**銅が析出**する。正しい。

⑤ 銅の電解精錬では，粗銅に含まれる不純物のうち，銅よりイオン化傾向の**小さい金属は陽極の下に沈殿(陽極泥)**し，銅よりイオン化傾向が**大きい**金属は溶液中に**溶け出す**。正しい。

22 ②

解説 ① 銀は，すべての金属のうちで**最も熱・電気伝導性が大きい**。正しい。

② 銀は，酸化力をもつ**熱濃硫酸や硝酸に溶解**する。誤り。

③ 臭化銀 AgBr は，水に溶けにくい。正しい。(➡本冊 p.72)

④ Ag^+ を含む硝酸銀水溶液は，**無色**である。正しい。

⑤ 硝酸銀 $AgNO_3$ 水溶液に塩化ナトリウム NaCl 水溶液を加えると，**AgCl の白色沈殿**が生じる。正しい。

23 ①，⑥

解説 ① 鉛は PbO_2 のように，酸化数 +4 をとることができる。誤り。

② 陶磁器は，粘土と水を練り，成形後乾燥して焼いたものであり，セメントは，石灰石や粘土などを熱したものである。正しい。

③ ガラスは，構成粒子の配列が不規則な**アモルファス(非晶質)**である。正しい。

④ 酸化アルミニウムなどの高純度の無機原料を精密な条件で焼き固めた，特に優れた機能をもつセラミックスを，**ニューセラミックス(ファインセラミックス)**という。正しい。

⑤ 銅は，湿った空気中で，**緑青**とよばれるさびを生じる。正しい。

⑥ 次亜塩素酸 HClO の塩は，強い**酸化作用**をもつため，殺菌剤や漂白剤として用いられる。誤り。

⑦ 硫酸バリウム $BaSO_4$ は，水に溶けにくく，X 線撮影の造影剤として用いられる。正しい。

24 ①

解説 銀イオンはクロム酸イオンと反応し，クロム酸銀の赤褐色沈殿を生じる。

$$CrO_4^{2-} + 2Ag^+ \longrightarrow Ag_2CrO_4\downarrow$$

両辺に $2K^+$，$2NO_3^-$ を補うと，

$$K_2CrO_4 + 2AgNO_3 \longrightarrow Ag_2CrO_4\downarrow + 2KNO_3$$

化学反応式より，クロム酸カリウム：硝酸銀 ＝ 1：2 の物質量比で反応することがわかる。この実験では，それぞれの溶液の濃度が等しいため，**体積比 1：2 で混ぜ合わせた試験管番号 4 において 2 つの物質が過不足なく反応し，沈殿が最大量得られる**と考えることができる。

また，試験管番号 4 で生成したクロム酸銀の沈殿の質量を求めると，

$$0.10〔mol/L〕 \times \underbrace{\frac{4.0}{1000}〔L〕}_{K_2CrO_4〔mol〕=Ag_2CrO_4〔mol〕} \times 332〔g/mol〕 = 0.132〔g〕$$

よって，試験管番号 4 で最大量の沈殿が生じており，その質量が 0.132 g になる①が正しいグラフである。

応用問題 ┃ 無機物質

25 問1 ④　　問2 ④　　問3 1：⑤　2：⑨

解説 問1　塩素は**黄緑色**の気体で，水に溶けやすく空気より重い気体であるため，**下方置換**で捕集する。空気とは反応しない。よって，塩素についての実験結果が正しく示されているのは，④である。

問2　その他の気体の実験結果については次のとおり。

可能性を検討した気体	実験結果(1)	実験結果(2)	実験結果(3)
アンモニア	×（上方置換）		
一酸化窒素			×（NO_2 に変化）
二酸化窒素	×（下方置換）	×（赤褐色）	
窒素			
塩化水素	×（下方置換）		
塩素	×（下方置換）	×（黄緑色）	

気体 Y は表中に×がない**窒素**である。

問3　用いた試薬が亜硝酸ナトリウム $NaNO_2$ と塩化アンモニウム NH_4Cl であり，反応後に水と窒素と正塩が生成することから，次の反応が起こるとわかる。

$$NaNO_2 + NH_4Cl \longrightarrow N_2 + 2H_2O + NaCl$$

0.010 mol の N_2 を得るときに生じる $NaCl$ も 0.010 mol であるため，その質量は，

$$0.010〔mol〕 \times 58.5〔g/mol〕 = 0.585 ≒ \underline{5.9 \times 10^{-1}}〔g〕$$

解説 a：金属が1族元素の場合と2族元素の場合に分けて考える。

(I)金属 M が1族元素の場合，希塩酸と以下のように反応する。

$$2M + 2HCl \longrightarrow 2MCl + H_2$$

金属のモル質量を x〔g/mol〕とする。金属50 mg が反応したときに発生した水素の体積 v〔mL〕は次のように表される，

$$v = \frac{50 \times 10^{-3}〔g〕}{x〔g/mol〕} \times \frac{1}{2} \times 22.4〔L/mol〕 \times 10^3 = \frac{560}{x}〔mL〕$$

(i)金属が Li であるとする。$x = 6.9$ を代入すると，

$$v = \frac{560}{6.9} = 81.1〔mL〕$$

となり，これに該当するグラフはない。

(ii)金属が Na であるとする。$x = 23$ を代入すると，

$$v = \frac{560}{23} = 24.3〔mL〕$$

となり，これは**金属 Y のグラフに該当**する。

(iii)金属が K であるとする。$x = 39$ を代入すると，

$$v = \frac{560}{39} = 14.3〔mL〕$$

となり，これに該当するグラフはない。

(II)金属 M が2族元素の場合，希塩酸と以下のように反応する。

$$M + 2HCl \longrightarrow MCl_2 + H_2$$

金属のモル質量を x〔g/mol〕とする。金属50 mg が反応したときに発生した水素の体積 v〔mL〕は次のように表される，

$$v = \frac{50 \times 10^{-3}〔g〕}{x〔g/mol〕} \times 22.4〔L/mol〕 \times 10^3 = \frac{1120}{x}〔mL〕$$

(iv)金属が Be であるとする。$x = 9.0$ を代入すると，

$$v = \frac{1120}{9.0} = 124.4〔mL〕$$

となり，これに該当するグラフはない。

(v)金属が Mg であるとする。$x = 24$ を代入すると，

$$v = \frac{1120}{24} = 46.6〔mL〕$$

となり，これは**金属 X のグラフに該当**する。

(vi)金属が Ca であるとする。$x = 40$ を代入すると，

$$v = \frac{1120}{40} = 28.0〔mL〕$$

となり，これに該当するグラフはない。

以上より，X が <u>Mg</u>，Y が <u>Na</u> と決定される。

b：吸収管 B に入れた<u>塩化カルシウム</u>は<u>水</u>を吸収し，吸収管 C に入れた<u>ソーダ石灰</u>は
  <u>二酸化炭素</u>を吸収する。ソーダ石灰は二酸化炭素と水の両方を吸収する性質がある
  ため，塩化カルシウムの後に置く必要がある。

c：$Mg(OH)_2$，$MgCO_3$ を加熱すると，以下のように分解する。

  $$Mg(OH)_2 \longrightarrow MgO + H_2O \quad \cdots(1)$$
  $$MgCO_3 \longrightarrow MgO + CO_2 \quad \cdots(2)$$

  混合物 A 中に含まれていた $Mg(OH)_2$ の物質量は，(1)式で発生する H_2O と等しい
  ので，

  $$\frac{0.18(g)}{18(g/mol)} = 0.010(mol)$$

  また，混合物 A 中に含まれていた $MgCO_3$ の物質量は，(2)式で発生する CO_2 と等
  しいので，

  $$\frac{0.22(g)}{44(g/mol)} = 0.0050(mol)$$

  加熱後の混合物 A 中に含まれていた MgO の物質量は，

  $$\frac{2.00(g)}{40(g/mol)} = 0.050(mol)$$

であり，これが混合物 A に含まれていたマグネシウム（MgO，$Mg(OH)_2$，$MgCO_3$）
の全物質量となる。よって，混合物 A 中に含まれていた MgO の物質量は，

  $$0.050 - 0.010 - 0.0050 = 0.035(mol)$$

  混合物 A 中に含まれていた Mg のうち，MgO として存在していた割合は，

  $$\frac{0.035}{0.050} \times 100 = \underline{70}(\%)$$

---

27 問1 ① 問2 ④ 問3 ④

解説 問1 同じ電子配置のイオン（すべて Ne 型：K^2L^8）では，陽子の数が多いほど，
電子がより強く内側に引きつけられるためイオン半径が小さい。よって，原子番号の
最も小さい $_8O^{2-}$ が選択肢の中で最もイオン半径が大きい。

問2 陽イオンと陰イオンの間に<u>静電気力（クーロン力）</u>がはたらくことで，イオン結合
が形成される。

問3 問題文の条件より，「偏りが起こりにくい」陽イオンと陰イオン，または，「偏り
が起こりやすい」陽イオンと陰イオンからなる化合物は水に溶けにくいと考えること
ができる。

  逆に，「偏りが起こりにくい」陽（陰）イオンと「偏りが起こりやすい」陰（陽）イオ
ンからなる化合物は水に溶けやすいともいえる。

① MgF_2，CaF_2 は，いずれも「偏りが起こりにくい」イオンからなる化合物なので，
  水に溶けにくい。正しい。

② $Al(OH)_3$ は，いずれも「偏りが起こりにくい」イオンからなる化合物なので，水に溶けにくい。正しい。

③ AgI，Ag_2S は，いずれも「偏りが起こりやすい」イオンからなる化合物なので，水に溶けにくい。正しい。

④ $MgSO_4$ は，いずれも「偏りが起こりにくい」イオンからなる化合物なので，水に溶けにくいはずであるが，実際には水に溶ける化合物であるため，これは下線部(b)のような考え方で説明することはできない。誤り。

第5章 有機化合物

1 元素分析・異性体

1 ⑥

解説 炭素，水素，酸素からなる有機化合物を完全燃焼させ，吸収管 A に入れた<u>塩化カルシウム</u>で**水**を，吸収管 B に入れた**ソーダ石灰**で<u>二酸化炭素</u>を吸収し，その質量を測定する。

2 ③

解説 化合物 A 中に含まれる元素の質量は，

炭素：$W_C = 352 [mg] \times \left(\dfrac{12}{44} \right) = 96 [mg]$ $\left(\dfrac{C}{CO_2} \right)$

水素：$W_H = 126 [mg] \times \left(\dfrac{2.0}{18} \right) = 14 [mg]$ $\left(\dfrac{2H}{H_2O} \right)$

組成比は，$C : H = \dfrac{96}{12} : \dfrac{14}{1.0} = 4 : 7$

化合物 A は，<u>ブタン C_4H_{10} の水素原子の一部を塩素原子に置き換えたもの</u>なので，その分子式は $C_4H_7Cl_3$ となり，1分子あたり<u>3個</u>の塩素原子をもつ。

3 ⑤

解説 ① 塩素 Cl を含む試料を銅線と接触させて炎の中に入れると，**塩化銅(Ⅱ) $CuCl_2$** が生成し，**青緑色**の炎が観察される。

② **硫黄 S** を含む試料をナトリウムとともに加熱・融解すると，**硫化ナトリウム Na_2S** が生成する。酢酸で酸性にした後，酢酸鉛(Ⅱ)水溶液を加えると，**黒色の硫化鉛(Ⅱ) PbS** が沈殿する。

③ **炭素 C** を含む試料を完全燃焼すると，**二酸化炭素 CO_2** が発生する。この気体を水酸化カルシウム水溶液(石灰水)に通すと，**白色の炭酸カルシウム $CaCO_3$** が沈殿する。

④ **水素 H** を含む試料を完全燃焼すると，**水 H_2O** が生成する。これを硫酸銅(Ⅱ)無水塩に接触させると，**青色の硫酸銅(Ⅱ)五水和物 $CuSO_4 \cdot 5H_2O$** が生成する。

⑤ **窒素 N** を含む試料を水酸化ナトリウムとともに加熱すると，**アンモニア NH_3** が発生する。この気体を湿った赤色リトマス紙に触れさせると，**青変**する。

解説 **Point** **シス-トランス(幾何)異性体が生じる条件**

$$R^1\!\!\diagdown_{R^2}\!\!C\!=\!C\!\diagup^{R^3}_{\diagdown R^4} \qquad R^1\!\!\diagdown_{R^2}\!\!C\!=\!C\!\diagup^{R^4}_{\diagdown R^3}$$

「$R^1 \neq R^2$ かつ $R^3 \neq R^4$」のとき,シス‐トランス異性体(幾何異性体)が存在する。

同じ

$$\underset{\substack{\text{シス-トランス異性体なし}}}{CH_3\text{-}\underset{\underset{CH_3}{|}}{C}=CH\text{-}(CH_2)_2\text{-}}\underset{\substack{\text{シス-トランス異性体あり}}}{\underset{\underset{CH_3}{|}}{C}=CH\text{-}(CH_2)_2\text{-}}\underset{\substack{\text{シス-トランス異性体あり}}}{\underset{\underset{CH_3}{|}}{C}=CH\text{-}CH_2OH}$$

よって,シス‐トランス異性体は,$2 \times 2 = 4$〔つ〕存在する。

解説 C_4H_8 の構造異性体を考える。

a:鎖状(アルケン)のものは,以下の3種類である。

$$CH_2=CH\text{-}CH_2\text{-}CH_3 \quad CH_3\text{-}CH=CH\text{-}CH_3 \quad CH_3\text{-}\underset{\underset{CH_3}{||}}{C}=CH_2$$

注意 「構造異性体」を数えるため,**シス‐トランス異性体は区別しない**。

b:環状(シクロアルカン)のものは,以下の2種類である。

$$\begin{array}{l}CH_2\text{-}CH_2\\|\qquad\ |\\CH_2\text{-}CH_2\end{array} \qquad \begin{array}{c}CH_3\\|\\CH\\\diagup\ \diagdown\\H_2C\text{-}CH_2\end{array}$$

解説 a:$C_4H_8O_2$ の化合物のうち,エステル結合をもつものは,以下の4種類である。

$$H\text{-}\underset{\underset{O}{||}}{C}\text{-}O\text{-}CH_2\text{-}CH_2\text{-}CH_3$$

$$H\text{-}\underset{\underset{O}{||}}{C}\text{-}O\text{-}\underset{\underset{CH_3}{|}}{CH}\text{-}CH_3$$

$$CH_3\text{-}\underset{\underset{O}{||}}{C}\text{-}O\text{-}CH_2\text{-}CH_3$$

$$CH_3\text{-}CH_2\text{-}\underset{\underset{O}{||}}{C}\text{-}O\text{-}CH_3$$

注意

$$CH_3\text{-}CH_2\text{-}CH_2\text{-}\underset{\underset{O}{||}}{C}\text{-}OH$$

このような構造は**カルボン酸**であるため,エステル結合をもつ化合物ではない!

b:C_7H_7Cl の化合物のうち,ベンゼン環をもつものは,以下の4種類である。

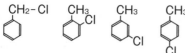

ベンゼンが C を6個もつため,ベンゼン環以外に C と Cl の結合する位置を考えればよい。

2 炭化水素・アルコール

7 ②

解説 ① エタン C_2H_6 は常温・常圧で**気体**である。正しい。

② エタンの水素原子を塩素原子に置換した化合物は，不斉炭素原子をもたない。誤り。

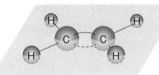

③ エチレンの構成原子は，すべて**同一平面上**に存在する。正しい。

④ エチレン（エテン）の異なる炭素原子に結合している水素原子を一つずつメチル基で置換した化合物は $CH_3-CH=CH-CH_3$（2-ブテン）であり，シス-トランス異性体が存在する。正しい。

$$CH_3{\diagdown}_{C=C}{\diagup}^{CH_3} \qquad CH_3{\diagdown}_{C=C}{\diagup}^H$$
$$H{\diagup}^{}{\diagdown}H \qquad H{\diagup}^{}{\diagdown}CH_3$$

　シス形　　　　　トランス形

⑤ アセチレンを臭素水に通すと，**付加反応**が起こり，臭素が消費されるため，臭素水の**赤褐色が脱色**する。正しい。

⑥ アセチレンに触媒を用いて水素を反応させると，**付加反応**が起こり，**エチレン**を経て，**エタン**が生成する。正しい。

$$H-C{\equiv}C-H \xrightarrow{\ H_2\ } {}^H_{H}{\diagdown}_{C=C}{\diagup}^H_H \xrightarrow{\ H_2\ } H-\overset{H}{\underset{H}{C}}-\overset{H}{\underset{H}{C}}-H$$

8 ⑤

解説 各元素の質量は，

$$W_C = 308 \times \frac{12}{44} = 84\,[\mathrm{mg}] \qquad W_H = 108 \times \frac{2.0}{18} = 12\,[\mathrm{mg}]$$

組成比は，　$C : H = \dfrac{84}{12} : \dfrac{12}{1.0} = 7 : 12$

　よって，組成式は C_7H_{12} となり，この不飽和炭化水素の炭素数は7であることから，**分子式も C_7H_{12}** である。したがって，①か⑤のどちらかが答えとなる。

　また，分子中の $C=C$ の数が n だとすると，n〔個〕の Br_2 が付加するため，生成物の分子式が $C_7H_{12}Br_{2n}$ となる。よって，生成物の Br の質量％は，

第5章　有機化合物

$$\frac{\text{Br の原子量} \times 2n}{C_7H_{12}Br_{2n} \text{の分子量}} \times 100 = \frac{80 \times 2n}{96 + 160n} \times 100 = 77(\%)$$

これを満たす整数は，$n \fallingdotseq 2$ となるので，**C=C** を 2 つもつ⑤が正解となる。

---

9 ⑥

解説 ① エタノールは，**グルコース**のような単糖の**アルコール発酵**により得られる。正しい。

$$C_6H_{12}O_6 \longrightarrow 2C_2H_5OH + 2CO_2$$

② エタノールは，親水基であるヒドロキシ基 $-OH$ をもつ炭素数の少ない有機化合物であるため，**水と任意の割合で混ざり合う**。正しい。

③ エタノールにナトリウムを加えると，**水素**が発生する。正しい。

$$2C_2H_5OH + 2Na \longrightarrow 2C_2H_5ONa + H_2$$

④ エタノールを硫酸酸性の二クロム酸カリウムで酸化すると，**アセトアルデヒド**が生成する。正しい。

$$CH_3-CH_2 \xrightarrow[K_2Cr_2O_7]{\text{酸化}} CH_3-C-H$$
$$\underset{OH}{|} \qquad\qquad \underset{O}{\|}$$

⑤ エタノールは，$CH_3CH(OH)-$ の部分構造をもつため，ヨウ素と水酸化ナトリウム水溶液を加えて加熱すると，**ヨードホルム CHI_3 の黄色沈殿**が生じる。正しい。

⑥ エタノールは，ホルミル基をもたないため，フェーリング液を還元しない。誤り。

---

10 a：⑤ b：③

解説 実験では，エタノールを硫酸酸性の二クロム酸カリウムを用いて酸化し，**アセトアルデヒド**を合成する。

$$CH_3-CH_2 \xrightarrow[K_2Cr_2O_7]{\text{酸化}} CH_3-C-H$$
$$\underset{OH}{|} \qquad\qquad \underset{O}{\|}$$

a：アンモニア NH_3 は**刺激臭**をもつ気体である。

b：① 操作1で沸騰石を入れるのは，**突沸を防ぐため**である。正しい。

② 操作2では，生成したアセトアルデヒドを氷水で冷却し，液化させることで試験管Bに捕集する。正しい。

③ 操作3では，実験で生成した**アセトアルデヒド**をフェーリング液と反応させて，**酸化銅（Ⅰ）Cu_2O の赤色沈殿**を得る。誤り。

④ 操作4で，硝酸銀水溶液に少量のアンモニア水を加えると，**酸化銀 Ag_2O の褐色沈殿**が生成する。正しい。（➡本冊 p.80）

⑤ 操作5で，アンモニア性硝酸銀水溶液にアセトアルデヒドを加えて温めると，**銀**が析出する。正しい。

解説 a：酸化するとホルムアルデヒドを生成するアルコールは，<u>メタノール CH_3OH</u> である。

$$CH_3\text{-}OH \xrightarrow{\text{酸化}} \underset{O}{H\text{-}\overset{\parallel}{C}\text{-}H}$$

b：還元すると2-ブタノールを生成するケトンは，2-ブタノールを酸化すると得られる $\underline{CH_3COCH_2CH_3}$ である。

$$\underset{\underset{2-\text{ブタノール}}{OH}}{CH_3\text{-}\overset{}{\underset{\vert}{C}}H\text{-}CH_2\text{-}CH_3} \underset{\text{還元}}{\overset{\text{酸化}}{\rightleftarrows}} \underset{O}{CH_3\text{-}\overset{\parallel}{C}\text{-}CH_2\text{-}CH_3}$$

c：アセトアルデヒドを酸化すると生成するカルボン酸は，<u>酢酸 CH_3COOH</u> である。

$$\underset{O}{CH_3\text{-}\overset{\parallel}{C}\text{-}H} \xrightarrow{\text{酸化}} \underset{O}{CH_3\text{-}\overset{\parallel}{C}\text{-}OH}$$

解説 アルコールとナトリウムの反応の化学反応式は，次のとおり。

$$2C_mH_nOH + 2Na \longrightarrow 2C_mH_nONa + \underset{\times \frac{1}{2}}{H_2}$$

発生する水素について，

$$\underbrace{\frac{42(g)}{12m+n+17(g/mol)}}_{\text{アルコール(mol)}} \times \underbrace{\frac{1}{2}}_{\text{係数比}} = \underbrace{0.25(mol)}_{H_2(mol)} \qquad 12m+n=67$$

これを満たす自然数の組合せは，

$$(m,\ n) = (5,\ 7),\ (4,\ 19),\ (3,\ 31),\ \cdots$$

> アルカンより多くの H をもつことはできない

ただし，炭素数 m のとき，結合することのできる水素数は $2m+2$ **以下**であることから，$(m,\ n) = (5,\ 7)$ と決まるので，示性式は $\mathbf{C_5H_7OH}$ となる。

また，炭素数5の鎖式飽和アルコールの示性式は $C_5H_{11}OH$ となるので，この鎖式不飽和アルコールには，炭素間二重結合が

$$\frac{11-7}{2} = 2\ \text{(個)}$$

> C=C が1つ入るごとに H が2個ずつ減る

含まれることがわかる。

> 飽和アルコールでは，
> $$\underset{\substack{\vert\ \vert\ \vert\ \vert\ \vert}}{H\text{-}C\text{-}C\text{-}C\text{-}C\text{-}C\text{-}OH}$$
> H H H H H / H H H H H
> $C_5H_{11}OH$ となる。

よって，このアルコール $21\ g$ に付加する水素の体積は，

$$\underbrace{\frac{21(g)}{84(g/mol)}}_{\text{アルコール(mol)}} \times \underbrace{2}_{} \times 22.4(L/mol) = 11.2 \fallingdotseq \underline{11}(L)$$

付加する H_2(mol)

3 カルボン酸・エステル

13 ④

解説 ① ギ酸は，分子内に**ホルミル（アルデヒド）基**と**カルボキシ基**をもつ。正しい。

ホルミル基　　カルボキシ基

② ギ酸は，カルボキシ基 −COOH に水素原子 H が結合している化合物であるため，すべてのカルボン酸のうちで**最も分子量が小さい**。正しい。

③ ギ酸は，ホルミル基をもつため，**還元性**を示し，アンモニア性硝酸銀水溶液に加えると，**銀**が析出する。正しい。

④ ギ酸は，**ホルムアルデヒドの酸化**によって得られる。誤り。

$$H-\underset{O}{\overset{\parallel}{C}}-H \xrightarrow{\text{酸化}} H-\underset{O}{\overset{\parallel}{C}}-OH$$

⑤ ギ酸は，カルボキシ基をもつため，炭酸水素ナトリウム水溶液を加えると，**二酸化炭素**が発生する。正しい。

$$HCOOH + NaHCO_3 \longrightarrow HCOONa + CO_2 + H_2O$$

14 ④

解説 エステル A の加水分解反応は，次のように表すことができる。

エステル A ＋ H_2O ⟶ カルボン酸 B ＋ アルコール C

カルボン酸 B は，還元作用を示すため，**ギ酸 HCOOH（CH_2O_2）**であるとわかる。
よって，アルコール C の分子式は，

$$\underset{\text{エステルA}}{C_5H_{10}O_2} + \underset{\text{加水分解}}{H_2O} - \underset{\text{ギ酸}}{CH_2O_2} = C_4H_{10}O$$

$C_4H_{10}O$ で表されるアルコールは，以下の 4 種類である。

$$CH_3-CH_2-CH_2-\underset{OH}{CH_2} \qquad CH_3-CH_2-\underset{OH}{CH}-CH_3 \qquad CH_3-\overset{CH_3}{\underset{OH}{CH}}-CH_2 \qquad CH_3-\overset{CH_3}{\underset{OH}{\overset{|}{C}}}-CH_3$$

15 a：② 　b：③

解説 エステルの加水分解反応は，次のように表すことができる。

エステル（$C_{10}H_{16}O_4$） ＋ $2H_2O$ ⟶ A ＋ 2B

エステルを加水分解することにより，A 1 分子と B 2 分子が生じることから，元のエステルには**エステル結合が 2 つ存在する**とわかる。

Aは，**シス-トランス異性体**があり，加熱することで**脱水**して，**$C_4H_2O_3$ で表される酸無水物が生じる**ということから，Aは**マレイン酸 $C_4H_4O_4$**，Cは**無水マレイン酸 $C_4H_2O_3$** であるとわかる。

次に，Bの分子式を求めると，

$$\underbrace{C_{10}H_{16}O_4}_{エステル} + \underbrace{2H_2O}_{加水分解} - \underbrace{C_4H_4O_4}_{A}) \div 2 = C_3H_8O$$

また，Bは**ヨードホルム反応を示す**ことから，**$CH_3CH(OH)-$** の部分構造をもつ2-プロパノールであると決定される。

よって，元のエステルは，A1分子にB2分子が結合しているので，次のように決定される。

a：① A（マレイン酸）は，**2価のカルボン酸**である。誤り。

② A（マレイン酸）は，**2つのカルボキシ基がシス形に結合**している。正しい。

③ A（マレイン酸）に水素を付加しても，**不斉炭素原子は生じない**。誤り。

④ C（無水マレイン酸）は，**5個の原子からなる環**をもつ。誤り。

⑤ C（無水マレイン酸）は，**酸無水物**なので，**カルボキシ基は存在しない**。誤り。

b：C_3H_8O で表される構造異性体は，以下の**3種類**である。

$$CH_3-CH_2-CH_2 \quad CH_3-CH-CH_3 \quad CH_3-CH_2-O-CH_3$$
$$\qquad\quad OH \qquad\qquad OH$$

16 ④

解説 「付加する Br_2〔mol〕＝付加する H_2〔mol〕」より，56.0 g の不飽和カルボン酸に付加する水素の質量は，

$$\underbrace{\frac{152-56\,〔g〕}{160\,〔g/mol〕}}_{\substack{\text{付加する }Br_2〔mol〕\\ =H_2〔mol〕}} \times 2.0\,〔g/mol〕=1.2\,〔g〕$$

よって，得られる飽和カルボン酸の質量は，

$$56.0+1.2=\underline{57.2}\,〔g〕$$

また，56.0 g の不飽和カルボン酸に付加する水素の体積は，

$$\frac{152-56\,〔g〕}{160\,〔g/mol〕}\times 22.4\,〔L/mol〕=13.44≒\underline{13.4}\,〔L〕$$

---

17 ④

解説 油脂 A 1 分子中に含まれる炭素間二重結合を n〔個〕とすると，水素付加より，

$$\underbrace{5.00\times10^{-2}\,〔mol〕\times n}_{\text{油脂 A〔mol〕}}=\underbrace{\frac{6.72\,〔L〕}{22.4\,〔L/mol〕}}_{\text{付加する }H_2〔mol〕} \qquad n=6$$

よって，R 1 つあたり，炭素間二重結合 C=C が $6÷3=2$〔個〕存在する。R の炭素数が m だとすると，C=C が 2 つある炭化水素基の水素数は，

$$(2m+1)-\underset{\text{C=C}\times2}{\underbrace{2\times2}}=2m-3\,〔個〕$$

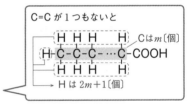

C=C が 1 つもないと

H は $2m+1$〔個〕

となる。C_mH_{2m-3} を満たすのは，$m=17$ のとき，$\underline{C_{17}H_{31}}$ である。

---

18 a：⑥　　b：⑤

解説 **a**：実験Ⅰでは，油脂に水酸化ナトリウム水溶液を加えて，加熱することでけん化し，セッケンを得る。セッケンは，親水コロイドであるため，電解質である飽和食塩水を加えると，塩析し，セッケンが固体として析出する。(➡本冊 p.30)

b：実験Ⅱでは，試験管アにセッケン水を，試験管イに合成洗剤の水溶液を入れ，それぞれに Ca^{2+} を含む塩化カルシウム水溶液を加える。

セッケンは，Ca^{2+} と沈殿をつくるため，試験管アは，白濁するが，合成洗剤は，Ca^{2+} と沈殿をつくらないため，試験管イは，均一な溶液のままである。

4 | 芳香族化合物

19 ②

解説 ① フェノールに臭素水を加えると，2,4,6-トリブロモフェノールが生成するため，新たに C-Br 結合が生じる。適当。

$$\text{OH} + 3Br_2 \longrightarrow \text{OH(Br)}_3 + 3HBr$$

② フェノールに濃硝酸と濃硫酸の混合物を加えて加熱すると，**ピクリン酸**が生成するため，新たに C-N 結合が生じる。適当でない。

$$\text{OH} + 3HNO_3 \longrightarrow \text{OH(NO}_2)_3 + 3H_2O$$

③ フェノールに無水酢酸を加えると，**アセチル化**されて酢酸フェニルが生成するため，新たに C-O 結合が生じる。適当。

$$\text{OH} + (CH_3-C(=O))_2O \longrightarrow \text{O-C(=O)-CH}_3 + CH_3COOH$$

④ ナトリウムフェノキシドに高温・高圧で二酸化炭素を加えると，**サリチル酸ナトリウム**が生成するため，新たに C-C 結合が生じる。適当。

$$\text{ONa} \xrightarrow[\text{高温・高圧}]{CO_2} \text{OH, COONa}$$

⑤ ナトリウムフェノキシドを塩化ベンゼンジアゾニウムに加えると，p-**ヒドロキシアゾベンゼン**が生成するため，新たに C-N 結合が生じる。適当。

$$\overset{+}{N}{\equiv}N\ Cl^- + \text{ONa} \longrightarrow \text{N=N}\text{-OH} + NaCl$$

解説 **a**：サリチル酸とメタノールから A として**サリチル酸メチル**が合成される。

$$\underset{\text{OH}}{\overset{\text{COOH}}{\bigcirc}} + CH_3OH \longrightarrow \underset{\underline{\text{OH}}_\text{イ}}{\overset{\underline{\text{COOCH}_3}_\text{ア}}{\bigcirc}} + H_2O$$

　反応後，**未反応サリチル酸とサリチル酸メチルを分離**する必要があるため，<u>飽和炭酸水素ナトリウム NaHCO_3 水溶液</u>_ウ を加えて，サリチル酸を塩にし，反応液中に溶かし，**サリチル酸メチルだけを油滴として分離**することができる。

$$\underset{\text{OH}}{\overset{\text{COOH}}{\bigcirc}} + NaHCO_3 \longrightarrow \underset{\text{OH}}{\overset{\text{COONa}}{\bigcirc}} + CO_2 + H_2O$$

注意 NaHCO_3 の代わりに NaOH を使うと，<u>フェノール性 –OH をもつサリチル酸とサリチル酸メチルがともに中和して塩となるため，両者を分離することができない。</u>

b：①，② サリチル酸メチルは，油滴であり，ろ過で分離することはできない。誤り。

③ ビーカーにメタノールを加えても，サリチル酸メチルを分離できない。誤り。

④，⑤ **サリチル酸メチルは，エーテルに溶ける**ので，反応液を分液漏斗に移してエーテルを加え，<u>上層であるエーテル層</u>を取り出して溶媒を蒸発させることで，**サリチル酸メチルを得ることができる。**④が正しい。

解説 ① 5℃以下でアニリンの希塩酸溶液に**亜硝酸ナトリウム**水溶液を加えると，**塩化ベンゼンジアゾニウム**が生成する。正しい。

$$\underset{}{\overset{NH_2}{\bigcirc}} + NaNO_2 + 2HCl \xrightarrow[\text{5℃以下}]{} \underset{}{\overset{N^+\equiv N\ Cl^-}{\bigcirc}} + NaCl + 2H_2O$$

② 5℃以上で塩化ベンゼンジアゾニウムと水が反応すると，**フェノール**が得られる。誤り。

$$\underset{}{\overset{N^+\equiv N\ Cl^-}{\bigcirc}} + H_2O \xrightarrow[\text{5℃以上}]{} \underset{}{\overset{OH}{\bigcirc}} + N_2 + HCl$$

③ アニリンに無水酢酸を反応させると，**アミド結合 –CO–NH– をもつアセトアニリド**が得られる。正しい。

$$\underset{}{\overset{NH_2}{\bigcirc}} + \overset{CH_3-C\diagup^O_{\diagdown}}{\underset{CH_3-C\diagdown_{O}^{\diagup O}}{}} \longrightarrow \underset{}{\overset{\overset{H\ O}{\underset{N-C-CH_3}{\ }}}{\bigcirc}} + CH_3COOH$$

④ アニリンにさらし粉水溶液を加えると，**赤紫色**を呈する。正しい。
⑤ *p*-ヒドロキシアゾベンゼン(*p*-フェニルアゾフェノール)
　　には，窒素原子間に**二重結合**が存在する。正しい。

22 ②

解説 3つの化合物の液性は，**アニリン＝塩基性**，**サリチル酸・フェノール＝酸性**である。NaOH を加えると，酸性の**サリチル酸**，**フェノール**が中和して塩となり，水層に溶けるため，aがアニリンとなる。

残った水層に HCl を加えると，弱酸の遊離によって，サリチル酸とフェノールに戻る。その後，NaHCO₃ を加えると，カルボン酸であるサリチル酸が塩になって**水層に溶ける**。よって，bがフェノール，cがサリチル酸となる。

この操作をまとめると，次のとおり。

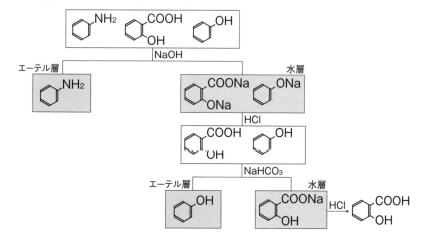

23 問1 ① 問2 ⑤ 問3 E：① F：④

解説 A ～ F は以下のように決定できる。（問3解答含む）

アセチレン(A)に触媒存在下で水を付加すると，不安定なビニルアルコール (CH₂=CH-OH)を経て，アセトアルデヒドが生成する。

$$\underline{CH{\equiv}CH}_A + H_2O \longrightarrow CH_3CHO \quad \cdots(1)$$

また，エチレン(B)を触媒存在下で空気酸化しても，アセトアルデヒドが得られる。

$$2\underline{CH_2{=}CH_2}_B + O_2 \longrightarrow 2CH_3CHO \quad \cdots(2)$$

式(2)と同じ触媒を用いてプロペンを空気酸化すると，主にアセトン(C)が得られ，その異性体であるプロピオンアルデヒド(D)はほとんど得られない。

$$2CH_2{=}CH{-}CH_3 + O_2 \longrightarrow 2\underline{CH_3COCH_3}_C \ (\underline{CH_3CH_2CHO}_D) \quad \cdots(3)$$

CO と H₂ から得られるメタノール(E)を CO と反応させると，酢酸(F)が得られる。酢酸はアセトアルデヒドの酸化でも得られる。

$$CO + 2H_2 \longrightarrow \underline{CH_3OH}_E$$

$$CH_3OH + CO \longrightarrow \underline{CH_3COOH}_F \quad \cdots(4)$$

問1 ① アセチレン(A)の C≡C の原子間距離は，エチレン(B)の C=C の原子間距離よりも**短い**。誤り。

② アセチレン(A)は C≡C をもつため，臭素を加えると**付加反応**が起こり，その赤褐色が消える。正しい。

③ アセチレン(A)を構成する C 原子と H 原子は，すべて同一直線上にある。正しい。

④ エチレン(B)は常温・常圧で**気体**である。正しい。

⑤ エチレン(B)は付加重合により，高分子化合物である**ポリエチレン**となる。正しい。

問2 ① アセトン(C)は**アセチル基** CH₃CO- をもつため，**ヨードホルム反応陽性**である。正しい。

② アセトン(C)は**酢酸カルシウムの乾留**で得られる。正しい。

$$(CH_3COO)_2Ca \longrightarrow CaCO_3 + CH_3COCH_3$$

③ クメン法でフェノールを合成すると，副生成物としてアセトンが得られる。正しい。

④ D は**ホルミル基**をもつため，フェーリング液を還元する。正しい。

⑤ 2-プロパノールを酸化すると，**アセトン**が得られる。誤り。

$$\underset{\underset{OH}{|}}{CH_3{-}CH{-}CH_3} \xrightarrow{\text{酸化}} \underset{\underset{O}{\|}}{CH_3{-}C{-}CH_3}$$

24 a：② b：⑤ c：④

解説 a：ジカルボン酸を還元すると，以下のように，はじめヒドロキシ酸が得られ，最終的に2価アルコールまで還元される。

$$
\begin{array}{l}
\text{CH}_2\text{-CH}_2\text{-COOH} \\
\text{CH}_2\text{-CH}_2\text{-COOH}
\end{array}
\xrightarrow{\text{還元}}
\begin{array}{l}
\text{CH}_2\text{-CH}_2\text{-CH}_2\text{-OH} \\
\text{CH}_2\text{-CH}_2\text{-COOH}
\end{array}
\xrightarrow{\text{還元}}
\begin{array}{l}
\text{CH}_2\text{-CH}_2\text{-CH}_2\text{-OH} \\
\text{CH}_2\text{-CH}_2\text{-CH}_2\text{-OH}
\end{array}
$$

  ジカルボン酸 　　　　　ヒドロキシ酸 　　　　　2価アルコール

よって，ジカルボン酸は時間とともに減少し(A)，中間生成物であるヒドロキシ酸ははじめ増加するがやがて減少してなくなり(C)，2価アルコールは時間とともに増加する(B)。②が正しい組合せである。

b：Y 86 mg 中に含まれる元素の質量は，

炭素：$W_\text{C} = 176〔\text{mg}〕 \times \dfrac{12}{44} = 48〔\text{mg}〕$

水素：$W_\text{H} = 54〔\text{mg}〕 \times \dfrac{2.0}{18} = 6〔\text{mg}〕$

酸素：$W_\text{O} = 86 - (48 + 6)〔\text{mg}〕 = 32〔\text{mg}〕$

組成比は，

$$
\text{C : H : O} = \dfrac{48}{12} : \dfrac{6}{1.0} : \dfrac{32}{16} = 2 : 3 : 1
$$

よって，Y の組成式は C_2H_3O である。また，Y は銀鏡反応を示さないことからホルミル基(アルデヒド基)-CHO をもたないことが，$NaHCO_3$ を加えても CO_2 が発生しないことから，カルボキシ基-COOH をもたないことがわかる。以上より，Y は分子式 $C_4H_6O_2$ で表される⑤であると決定される。

(参考)⑤は，ジカルボン酸が還元されて得られるヒドロキシ酸が，分子内で脱水し，環状のエステルになったものと考えられる。

$$
\begin{array}{l}
\text{CH}_2\text{-COOH} \\
\text{CH}_2\text{-COOH}
\end{array}
\xrightarrow{\text{還元}}
\begin{array}{l}
\text{CH}_2\text{-CH}_2\text{-OH} \\
\text{CH}_2\text{-COOH}
\end{array}
\xrightarrow{\text{脱水}}
\begin{array}{c}
\text{H}_2\text{C} \\
\text{H}_2\text{C}
\end{array}
\begin{array}{c}
\text{O} \\
\diagdown \\
\text{C} \\
| \\
\text{H}_2
\end{array}
\text{C=O}
$$

c：4種類の $C_5H_8O_4$ で表されるジカルボン酸を還元すると，以下に示す<u>5種類</u>のヒドロキシ酸が得られ，そのうち，不斉炭素原子 C* をもつものが<u>3種類</u>である。

$$
\text{HOOC-CH}_2\text{-CH}_2\text{-CH}_2\text{-COOH} \xrightarrow{\text{還元}} \text{HOOC-CH}_2\text{-CH}_2\text{-CH}_2\text{-CH}_2\text{-OH}
$$

$$
\begin{array}{l}
\text{CH}_3\text{-CH-CH}_2\text{-COOH} \\
\quad\quad | \\
\quad\quad \text{COOH}
\end{array}
\xrightarrow{\text{還元}}
\left\{
\begin{array}{l}
\text{CH}_3\text{-}\overset{*}{\text{C}}\text{H-CH}_2\text{-COOH} \\
\quad\quad\quad | \\
\quad\quad\quad \text{CH}_2\text{-OH} \\
\\
\text{CH}_3\text{-}\overset{*}{\text{C}}\text{H-CH}_2\text{-CH}_2\text{-OH} \\
\quad\quad\quad | \\
\quad\quad\quad \text{COOH}
\end{array}
\right.
$$

第5章　有機化合物

第5章　有機化合物　71

$$\text{CH}_3\text{-CH}_2\text{-CH-COOH} \xrightarrow{\text{還元}} \text{CH}_3\text{-CH}_2\text{-}\overset{*}{\text{CH}}\text{-CH}_2\text{-OH}$$
$$\underset{\text{COOH}}{} \qquad\qquad \underset{\text{COOH}}{}$$

$$\underset{\text{COOH}}{\overset{\text{COOH}}{\text{CH}_3\text{-C-CH}_3}} \xrightarrow{\text{還元}} \underset{\text{CH}_2\text{-OH}}{\overset{\text{COOH}}{\text{CH}_3\text{-C-CH}_3}}$$

25 a 1：⓪ 2：② 3：⓪ b：③ c ④

解説 a：下線部(a)の条件より，X 1 mol に H₂ 4 mol が付加する。44.1 g の X に付加する水素の物質量は，

$$\frac{44.1〔\text{g}〕}{882〔\text{g/mol}〕} \times 4 = \underline{0.20}〔\text{mol}〕$$

b：過マンガン酸カリウムは，分子内の C=C を酸化開裂させることができる。脂肪酸 A，B ともに過マンガン酸カリウムと反応することから，脂肪酸 A，B ともに分子内にC=C をもつことがわかる。

　X 1分子中に 4 個の C=C が存在し，X を加水分解すると脂肪酸 A と B が 1：2 で得られることから，A には C=C が 2 個，B には C=C が 1 個存在する(X 中の C=Cは合計 2＋1×2＝4 個)ことがわかる。よって，A は③，B は②であると決定される。

c：X は，グリセリンに 1 分子の脂肪酸 A と 2 分子の脂肪酸 B が縮合した構造である。X を部分的に加水分解すると，1 分子ずつの脂肪酸 A と脂肪酸 B が得られることから，Y はグリセリンに 1 分子の脂肪酸 B が縮合した構造であると考えられる。また，X には鏡像異性体が存在し，Y に鏡像異性体が存在しないことから，X と Y の構造は以下のように決定される。

26 問1 ⑤　　問2 ③　　問3 ⑥

解説 問1　Xは塩酸に溶けないことから–NH$_2$をもたずアセチル化されていることがわかる。しかし，アセトアミノフェンでないことから，–OHもアセチル化されているのではないかと考えられる。

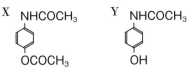

　X，Yはいずれも –NH$_2$ をもたないため，さらし粉を加えても呈色はしない。また，Xはフェノール性 –OH をもたないため塩化鉄(Ⅲ)を加えても呈色しないが，Yはフェノール性 –OH をもつため塩化鉄(Ⅲ)を加えると呈色する。

問2　反応式より，反応したp-アミノフェノールと得られたアセトアミノフェンの物質量は等しいことがわかる。よって，収率は次のように求められる。

$$\frac{\dfrac{1.51}{151}〔mol〕}{\dfrac{2.18}{109}〔mol〕}\times100=\underline{50}〔\%〕$$

問3　溶媒に加熱溶解させ，冷却して固体を析出させる精製法を再結晶という。

　固体Yは不純物を含むことで凝固点降下が起こるため，文献値よりも低い温度で融解する。

1 天然高分子化合物

1 ①

解説 ① 二糖の分子式は，$C_{12}H_{22}O_{11}$ である。誤り。
② スクロースを加水分解して得られる**転化糖**は，グルコースとフルクトースの混合物であるため，還元性を示す。正しい。
③ α-グルコースと β-グルコースは，1位のヒドロキシ基 -OH の向きが異なるため，立体異性体の関係である。正しい。
④ **単糖**であるグルコースとフルクトースは，ともに $C_6H_{12}O_6$ の分子式で表される構造異性体の関係である。正しい。
⑤ 環状のグルコースには不斉炭素原子が5個，鎖状のグルコースには不斉炭素原子が4個存在する。正しい。

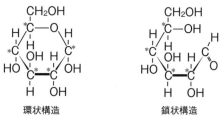

環状構造　　　　　　　鎖状構造

2 ⑥

解説 シクロデキストリンにはグリコシド結合が6つ存在するため，シクロデキストリン 0.10 mol を完全に加水分解するためには，水が 0.60 mol 必要である。

シクロデキストリン ＋ $6H_2O$ ⟶ 6 グルコース
0.10 mol　　　　　　　0.60 mol

よって，加水分解に必要な水の質量は，
0.10〔mol〕×6×18〔g/mol〕＝10.8〔g〕

3 実験Ⅰの結果：① 　実験Ⅱの結果：②

解説 実験Ⅰの結果：エンケファリンは5つのアミノ酸が縮合したペンタペプチドであるため，水酸化ナトリウム水溶液と硫酸銅(Ⅱ)水溶液を加えると，**ビウレット反応**が起こり，赤紫色に変化する。
実験Ⅱの結果：エンケファリンには**ベンゼン環が存在**するため，濃硝酸を加えて加熱すると，**キサントプロテイン反応**が起こり，黄色に変化する。

4 ①

解説 pH 6.0 はほぼ中性であるため，水溶液中でペプチド中の -NH₂ は -NH₃⁺ に，-COOH は -COO⁻ の形で存在する。よって，-NH₃⁺ と -COO⁻ の和を考えれば，A～C のもつ総電荷および移動する方向を判断することができる。

	-NH₃⁺	-COO⁻	電荷	移動する方向
A	2つ	1つ	+	陰極側へ移動
B	2つ	2つ	±0	ほとんど移動しない
C	1つ	2つ	−	陽極側へ移動

5 ②

解説 図2のSのグラフより，ジペプチドAにはSが含まれていることがわかり，Sをもつアミノ酸がシステインしかないことから，ジペプチドAには<u>システイン</u>が含まれることがわかる。

　また，図2のOのグラフより，ジペプチドAのOの質量パーセントがシステインやチロシンよりも高いことから，ジペプチドAにはOの割合の高い<u>アスパラギン酸</u>が含まれていることがわかる。

(仮にジペプチドAがシステインとチロシンからなるとするならば，ジペプチドAのOの質量パーセントはシステインやチロシンとあまり変わらないはずであり，また，ジペプチドAがシステイン2つからなるとすると，Sの質量パーセントがシステインとジペプチドAが同程度になるはずである。)

2 | 合成高分子化合物

6 a：⑤　　b：④

解説 a：陽イオン交換樹脂として用いられる高分子は，スチレンとp-ジビニルベンゼンの共重合体を，濃硫酸でスルホン化し**スルホ基 -SO₃H** を導入した⑤である。

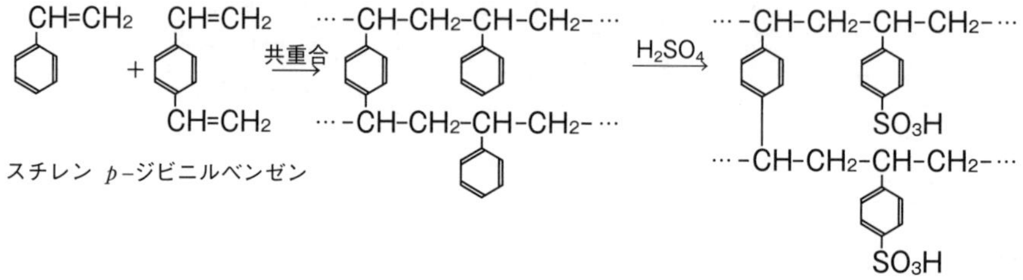

スチレン　p-ジビニルベンゼン

b：天然ゴム（生ゴム）は，**イソプレンの付加重合体と同じ構造をもつ**④である。

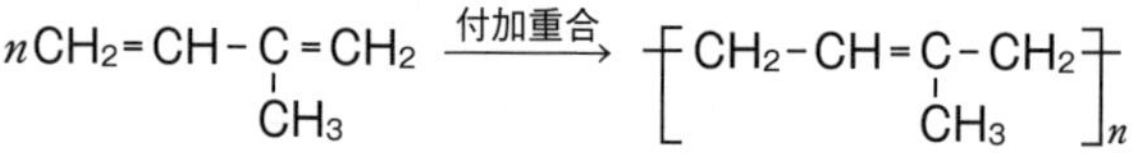

$$n\text{CH}_2=\text{CH}-\underset{\underset{\text{CH}_3}{|}}{\text{C}}=\text{CH}_2 \xrightarrow{\text{付加重合}} \left[\text{CH}_2-\text{CH}=\underset{\underset{\text{CH}_3}{|}}{\text{C}}-\text{CH}_2\right]_n$$

7 ④

解説 ア：合成にホルムアルデヒド HCHO を用いる高分子化合物は，①**尿素樹脂**，②**ビニロン**，⑤**フェノール樹脂**である。

　尿素樹脂とフェノール樹脂は，それぞれ，尿素，フェノールにホルムアルデヒドを**付加縮合**させて合成される。また，ビニロンは，**ポリビニルアルコール**のヒドロキシ基の一部を，ホルムアルデヒドで**アセタール化**して合成される。

イ：縮合重合で合成される高分子化合物は，③**ナイロン66**，⑥**ポリエチレンテレフタラート**である。

　ナイロン66 は，**アジピン酸**と**ヘキサメチレンジアミン**の，ポリエチレンテレフタラートは**テレフタル酸**と**エチレングリコール**の縮合重合で合成される。

ウ：窒素原子を含む高分子化合物は，①**尿素樹脂**，③**ナイロン66**，⑦**ポリアクリロニトリル**である。

　よって，ア～ウのいずれにも当てはまらないものは，④**ポリスチレン**（付加重合体）である。

8 ③

解説 ① ポリエチレンテレフタラートの原料は，**テレフタル酸**と**エチレングリコール**である。正しい。
② **ヘキサメチレンジアミン**と**アジピン酸**を縮合重合させると，ナイロン 66 が得られる。正しい。
③ ポリエチレンは，**エチレン**の**付加重合**で得られる。誤り。
④ 酢酸ビニルは，**アセチレン**に**酢酸**を付加させて得られる。正しい。（➡本冊 p.91）
⑤ ポリ塩化ビニルは，**塩化ビニル**の付加重合で得られる。正しい。

9 ②

解説 ポリビニルアルコールの重合度を n とする。ポリビニルアルコールのヒドロキシ基のうち，50％がアセタール化されたビニロンの構造式は，次のとおり。

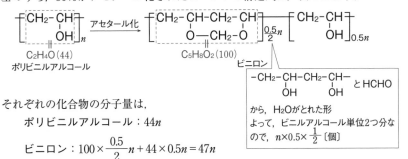

C_2H_4O (44)
ポリビニルアルコール

$C_5H_8O_2$ (100)
ビニロン

$-CH_2-CH-CH_2-CH-$ と HCHO
$\quad\quad OH \quad\quad\quad OH$
から，H_2O がとれた形
よって，ビニルアルコール単位2つ分なので，$n \times 0.5 \times \frac{1}{2}$ 〔個〕

それぞれの化合物の分子量は，

ポリビニルアルコール：$44n$

ビニロン：$100 \times \dfrac{0.5}{2}n + 44 \times 0.5n = 47n$

よって，ポリビニルアルコール 88 g から得られるビニロンの質量は，

$$\dfrac{88\,〔g〕}{44n\,〔g/mol〕} \times 47n\,〔g/mol〕 = \underline{94}\,〔g〕$$

ポリビニルアルコール〔mol〕＝ビニロン〔mol〕

10 ⑦

解説 アクリロニトリル－ブタジエンゴム（NBR）のアクリロニトリルとブタジエンの物質量比を $1:x$ とすると，NBR の構造式は，次のとおり。

$$\begin{bmatrix} CH_2-CH & \begin{pmatrix} CH_2-CH=CH-CH_2 \end{pmatrix}_x \\ \quad CN & \end{bmatrix}_n \Leftrightarrow \begin{bmatrix} C_3H_3N\text{-}(C_4H_6)_x \end{bmatrix}_n$$

繰り返し単位に含まれる炭素原子と窒素原子の数の比より，

炭素原子：窒素原子 $= (3+4x):1 = 19:1$　　$x = 4$

よって，アクリロニトリルとブタジエンの物質量比は，$\underline{1:4}$ となる。

解説 高分子化合物 A 1 分子中には，その末端にカルボキシ基が 2 個存在する。A の分子量を M（モル質量 M〔g/mol〕）すると，カルボキシ基の数より，

$$\frac{1.00〔g〕}{M〔g/mol〕}×2 ×6.0×10^{23}〔個/mol〕=1.2×10^{19}〔個〕$$

A 中の -COOH〔mol〕

$$M=\underline{1.0×10^5}$$

応用問題 | 高分子化合物

12 問1 ⑤ 　問2 1：① 2：④ 3：④ 　問3 4：⑦ 5：② 6：①

解説 問1 　ファントホッフ の法則より，浸透圧 Π〔Pa〕は溶液のモル濃度
ア
C〔mol/L〕と絶対温度 T〔K〕に比例する。

$$\Pi = CRT$$

問2 表1の結果を，横軸に W，縦軸に $\frac{\Pi}{W}$ を取り，グラフを作成すると次のようになる。

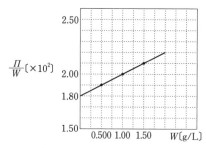

グラフより，y 切片の値は $1.80×10^2$ であると読み取ることができる。この値を式(1)に代入すると，

$$1.80×10^2=\frac{8.3×10^3×(27+273)}{M_x}$$

$$M_x=1.38×10^4 ≒ \underline{1.4×10^4}$$

問3 ポリエチレンテレフタラートの構造式は次のとおり。

$$\left[\begin{matrix}O & & O \\ \| & & \| \\ C & & C \end{matrix}-\bigcirc-C-O-(CH_2)_2-O\right]_x$$

重合度を x とすると，分子量より，

$$192x=1.38×10^4$$

$$x=71.8≒\underline{7.2×10^1}$$

13 問1 ② 問2 ①，③ 問3 ① 問4 ①

解説 問1 問題文中に，この溶液にレーザー光を当てると光の通路が見えた，という記述があることから，この溶液はチンダル現象を示すコロイド溶液であることがわかる。よって，高分子化合物であるアルギン酸ナトリウムがコロイド粒子であると考えられ，セロハン袋に入れた混合溶液を純水を入れたビーカーに浸し，透析すればアルギン酸ナトリウムを分離することができる。

問2 アルギン酸のグリコシド結合を加水分解すると，以下の2種類の化合物を得ることができる。選択肢の構造式と比較すると，①と③であることがわかる。

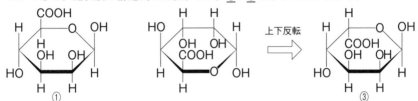

※ 上下を反転させると，それぞれの置換基の向きも反転する。

問3 ヨウ化ナトリウムを含む溶液に塩素を吹き込むと，**ヨウ化物イオン I⁻ が酸化されてヨウ素 I₂ が遊離**する。

$$2NaI + Cl_2 \longrightarrow 2NaCl + I_2$$

ヨウ素 I_2 は**無極性分子**であるため，**無極性溶媒**であるヘキサンに溶ける。よって，この溶液にヘキサンを加えると，上層がヨウ素が溶けた紫色のヘキサン層となる。

問4 グルタミン酸は等電点(pH 3)では，主に正負の電荷を1つずつもつ双性イオンとして存在し，水溶液の pH を変えても②，③，④のようなイオンの形で存在することとなる。よって，水溶液中で①のような電荷をもたない状態で存在することはほとんどない。